高等职业教育
计算机类专业 规划教材
INFORMATION TECHNOLOGY

计算机网络技术项目化教程

朱葛俊　主编

周汉清　王方良　施　皓　参编
何雅琴　史二颖

中国电力出版社
http://jc.cepp.com.cn

内容提要

本书为高等职业教育计算机类专业规划教材。

本书以计算机网络项目式课程开展为向导，通过组建局域网所需常见实训内容为主线，面向实践应用，介绍项目式课程的主要环节。全书共分十大项目，主要包含网线的制作、对等网络组建、Windows 网络配置和 TCP/IP 协议配置及诊断、构建小型局域网（主要常见服务器的配置）、交换机配置、路由器配置、网络协议分析、Internet/Intranet 网络应用、VPN 的配置和构建无线网络。每个项目都有详细的项目练习过程和要求，可以帮助读者更好地掌握网络的应用技术和具体操作流程。本书以项目式课程模式的要求编写，力求做到讲、练、学三位一体，激发学生的学习兴趣，培养学生的动手能力。

本书可作为高等职业技术学院、高等专科学校、成人高校、本科院校举办的二级职业技术学院计算机相关专业的教材，也可以作为各种信息技术类技能培训班的辅导教材或参考用书。

图书在版编目（CIP）数据

计算机网络技术项目化教程 / 朱葛俊主编. —北京：中国电力出版社，2009
高等职业教育计算机类专业规划教材
ISBN 978-7-5083-8431-3

Ⅰ. 计…　Ⅱ. 朱…　Ⅲ. 计算机网络－高等学校：技术学校－教材　Ⅳ. TP393

中国版本图书馆 CIP 数据核字（2009）第 012839 号

丛 书 名：高等职业教育计算机类专业规划教材
书　　名：计算机网络技术项目化教程
出版发行：中国电力出版社
　　　　　地　　址：北京市三里河路 6 号　　　邮政编码：100044
　　　　　电　　话：（010）68362602　　　　传　　真：（010）68316497，88383619
　　　　　服务电话：（010）58383411　　　　传　　真：（010）58383267
　　　　　E-mail：infopower@cepp.com.cn
印　　刷：北京市同江印刷厂
开本尺寸：184mm×260mm　　　印　张：10　　字　数：223 千字
书　　号：ISBN 978-7-5083-8431-3
版　　次：2009 年 2 月北京第 1 版
印　　次：2009 年 2 月第 1 次印刷
印　　数：0001—3000 册
定　　价：16.00 元

前　　言

随着高等职业教育的蓬勃发展，国家对于高等职业教育的教学模式和教学方法提出了新的要求。为了更好地培养出社会所需求的高技能人才，对高等职业教育模式和教育方法进行改革势在必行。项目式教学作为高职教学的一项重要改革措施，对于改变高职教学模式、提高人才培养的质量必将产生深远的影响。

本书就是根据项目式课程要求，结合编者长期的计算机网络课程教育教学的实践经验，组织教学经验丰富的一线教师合作编写而成的。本书在编写过程中主要体现了以下特色：

（1）整篇教材基于"项目式"教学要求编写，通过计算机网络组建项目要求，深入浅出地逐层剖析网络使用、组建、配置、管理的实践技能。

（2）教材根据高职高专的教学特点，章节内容突出"学以致用"，通过"边学边练、学中求练、练中求学、学练结合"实现"学得会，用得上"。

（3）教材以组建局域网工作流程为线索来规划和组织项目式教学内容，介绍当前业界较为流行的计算机网络技术方案，摒弃过时的技术方案的说明和网络设备的介绍。

（4）教材紧紧抓住项目式课程改革这一关键环节。学生通过教材所提供的练习项目，能够顺利地进行计算机网络技术实践与训练，掌握网络设备连接与服务器安装配置，以及运用组网技术构建、维护和管理局域网。

教材具有涵盖局域网课程配套的项目式课程内容，并针对每个项目具体说明了工作目标、工作任务、相关的实践知识，部分项目还设置了拓展知识等方面的内容，教师可以灵活采用先讲后练、先练后讲或者边讲边练的方式进行。

教材中相关项目式内容对练习环境的要求比较低，采用常见的设备和软件即可完成，便于实施和操作。

本书共分十个项目，主要由常州机电职业技术学院一线教师负责编写，朱葛俊任主编。其中项目一～项目三由何雅琴编写，项目四、项目九、项目十由朱葛俊编写，项目五由王云良编写，项目七和项目八（模块一）由施皓编写，项目六由周汉清编写，项目八（模块二和模块三）由史二颖编写，王海燕负责校对，全书由朱葛俊统稿。

由于编者水平有限，加之时间仓促，不足之处在所难免，敬请读者批评指正。电子邮件请发送至 zgj0077@sohu.com。

编　者
2008 年 10 月

目　　录

项目一　网线的制作

一、教学目标

网线是组建局域网必不可少的基本元素之一，本项目通过制作局域网中常用的双绞线，使读者了解常用网线的类型及性能，并掌握其制作方法。

（1）掌握非屏蔽双绞线与 RJ-45 接头的连接方法。

（2）掌握非屏蔽双绞线直通线缆与交叉线缆的制作及它们的区别和适用环境。

（3）掌握线缆测试仪的使用方法。

二、工作任务

认识制作网线所需设备及其功能，熟悉网线制作的全过程。

模块一　项目预备知识

一、教学目标

通过对制作工具的认识，使读者对制作网线的基本工具有一定程度的了解。

二、工作任务

学习了解制作网线的基本工具。

三、理论知识

在制作网线前，必须准备相应的工具和材料。首要的工具是压线钳，压线钳目前市面上有好几种类型，而实际的功能以及操作都是大同小异。以如图 1-1 所示的一把压线钳为例，介绍该工具三处功能。

在压线钳的最顶部的是压线槽，压线槽共提供了三种类型的线槽，分别为 6P、8P 和 4P。中间的 8P 槽是最常用到的 RJ-45 压线槽，而旁边的 4P 为 RJ11 电话线路压线槽，如图 1-2 所示。

在压线钳 8P 压线槽的背面，可以看到呈齿状的模块，主要是用于把水晶头上的 8 个触点压稳在

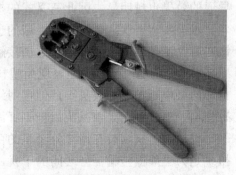

图 1-1　压线钳（一）

双绞线之上，如图 1-3 所示。

图 1-2　压线钳（二）

图 1-3　压线钳（三）

离手柄较近的是拨线口，它用来拨开双绞线外壳。离手柄最近端是锋利的切线刀，此处可以用来切断双绞线，如图 1-4 所示。

接下来需要的材料是 RJ-45 头和双绞线。由于 RJ-45 头像水晶一样晶莹透明，所以也被俗称为水晶头。RJ-45 接口是连接非屏蔽双绞线的连接器，为模块式插孔结构，如图 1-5 所示。

图 1-4　压线钳（四）

图 1-5　RJ-45 连接头

从侧面观察 RJ-45 接口，可以看到平行排列的金属片，一共有 8 片，每片金属片前端都有一个突出透明框的部分，从外表来看就是一个金属接点。按金属片的形状来划分，又有"二叉式 RJ-45"和"三叉式 RJ-45"接口之分。二叉式的金属片只有两个侧刀，三叉式的金属片则有三个侧刀。金属片的前端有一小部分穿出 RJ-45 的塑料外壳，形成与 RJ-45 插槽接触的金属脚。在压接网线的过程中，金属片的侧刀必须刺入双绞线的线芯，并与线芯总的铜质导线内芯接触，以连通整个网络。一般地，叉数目越多，接触的面积也越大，导通的效果也越明显，因此三叉式的接口比二叉式接口更适合高速网络。

水晶头有档次之分，有带屏蔽的也有不带屏蔽的。一般地说质量比较好的价钱在 5 角钱左右，质量差的主要体现在它的接触探针是镀铜的，容易生锈，造成接触不良、网络不通。质量差的还有一点明显表现为塑料扣位不紧（通常是变形所致），也很容易造成接触不良、网络中断。水晶头虽小，但在网络中的重要性一点都不能小看，在许多网络故障中就有相当一部分是因为水晶头质量不好而造成的。

双绞线是指封装在绝缘外套里的由两根绝缘导线相互扭绕而成的四对线缆，它们相互扭绕是为了降低传输信号之间的干扰，如图 1-6 所示。

双绞线一般有屏蔽（Shielded Twisted-Pair，STP）双绞线与非屏蔽（Unshielded

Twisted-Pair，UTP）双绞线之分，屏蔽的当然在电磁屏蔽性能方面比非屏蔽的要好些，但价格也要贵些。

双绞线按电气性能可以划分为三类、四类、五类、超五类、六类、七类双绞线等类型。数字越大，代表着级别越高、技术越先进、带宽也越宽，当然价格也越贵。三类、四类线目前在市场上几乎没有了，如果有，也不是以三类或四类线出现，而是假以五类、甚至超五类线出售，这是目前假五类线最多的一种。目前在一般局域网中常见的是五类、超五类或者六类非屏蔽双绞线。屏蔽的五类双绞线外面包有一层屏蔽用的金属膜，它的抗干扰性能好，但应用的条件比较苛刻，不是用了屏蔽的双绞线，在抗干扰方面就一定强于非屏蔽双绞线。屏蔽双绞线的屏蔽作用只在整个电缆均有屏蔽装置并且两端正确接地的情况下才起作用。所以，要求整个系统全部是屏蔽器件，包括电缆、插座、水晶头和配线架等，同时建筑物需要有良好的地线系统。事实上，在实际施工时，很难全部完美接地，从而使屏蔽层本身成为最大的干扰源，导致性能甚至远不如非屏蔽双绞线 UTP。所以，除非有特殊需要，通常在综合布线系统中只采用非屏蔽双绞线。

双绞线作为一种价格低廉、性能优良的传输介质，在综合布线系统中被广泛应用于水平布线。双绞线价格低廉、连接可靠、维护简单，可提供高达 1000Mb/s 的传输带宽，不仅可用于数据传输，而且还可以用于语音和多媒体传输。目前的超五类和六类非屏蔽双绞线可以轻松提供 155Mb/s 的通信带宽，并拥有升级至千兆的带宽潜力，因此，成为当今水平布线的首选线缆。

制作网线还需要的设备是简易测线仪。简易测线仪是用来测试线缆连通性的工具，通常都有两个 RJ-45 的接口。其面板上有若干指示灯，用来显示导线是否导通。简易测线仪如图 1-7 所示。

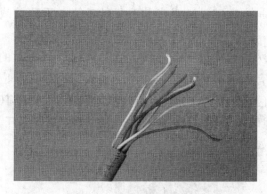

图 1-6 非屏蔽双绞线

图 1-7 简易测线仪

模块二　网线的制作

一、教学目标

通过模块一中对制作工具的认识，学会非屏蔽双绞线的制作。

二、工作任务

掌握非屏蔽双绞线的制作步骤。

三、相关实践知识

（1）剪断：利用压线钳的剪线刀口剪裁出计划需要使用到的双绞线长度，如图 1-8 所示。

（2）剥皮：用压线钳的剪线刀口将线头剪齐，再将线头放入剥线刀口，让线头角及挡板，稍微握紧压线钳慢慢旋转，让刀口划开双绞线的保护胶皮，拔下胶皮（注意：剥开与大拇指一样长就行了），如图 1-9 所示。

图 1-8　剪断

图 1-9　剥皮

【提示】网线钳挡位离剥线刀口长度通常恰好为水晶头长度，这样可以有效避免剥线过长或过短。剥线过长一则不美观，另一方面因网线不能被水晶头卡住，容易松动；剥线过短，因有包皮存在，太厚，不能完全插到水晶头底部，造成水晶头插针不能与网线芯线完好接触，当然也不能制作成功。

（3）排序：剥除外包皮后即可见到双绞线网线的 4 对 8 条芯线，并且可以看到每对的颜色都不同。每对缠绕的两根芯线是由一种染有相应颜色的芯线加上一条只染有少许相应颜色的白色相间芯线组成。四条全色芯线的颜色为：棕色、橙色、绿色、蓝色，如图 1-10 所示。每对线都是相互缠绕在一起的,制作网线时必须将 4 个线对的 8 条细导线一一拆开，理顺，捋直，然后按照规定的线序排列整齐，如图 1-11 所示。

图 1-10　标准 5 类双绞线（UTP）

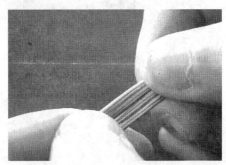
图 1-11　排序

目前，最常使用的布线标准有两个，即 T568A 标准和 T568B 标准。T568A 标准描述的线序从左到右依次为：1-白绿、2-绿、3-白橙、4-蓝、5-白蓝、6-橙、7-白棕、8-棕。T568B 标准描述的线序从左到右依次为：1-白橙、2-橙、3-白绿、4-蓝、5-白蓝、6-绿、7-白棕、8-棕。而双绞线的连接方法也主要有两种，分别为直通线缆以及交叉线缆。简单地说，直通线缆就是水晶头两端都同时采用 T568A 标准或者 T568B 的接法，而交叉线缆则是水晶头一端采用 T586A 的标准制作，而另一端则采用 T568B 标准制作。

【提示】交叉线多用于交换机、集线器间的级联，此外当需要将两台 PC 用一根线缆直接连到一起时，也使用交叉线。需要注意的是在很多集线器和交换机上有专用的级联口，当使用这种专用接口级联设备时，需要使用直通线。

（4）剪齐：把线尽量捋直（不要缠绕）、压平（不要重叠）、挤紧理顺（朝一个方向紧靠），然后用压线钳把线头剪平齐，如图 1-12 所示。这样，在双绞线插入水晶头后，每条线都能良好接触水晶头中的插针，避免接触不良。如果以前剥的皮过长，可以在这里将过长的细线剪短，保留的去掉外层绝缘皮的部分约为 14mm，这个长度正好能将各细导线插入到各自的线槽。如果该段留得过长，一来会由于线对不再互绞而增加串扰，二

图 1-12 剪齐

来会由于水晶头不能压住护套而可能导致电缆从水晶头中脱出，造成线路的接触不良甚至中断。

（5）插入：一手以拇指和中指捏住水晶头，使有塑料弹片的一侧向下，针脚一方朝向远离自己的方向，并用食指抵住；另一手捏住双绞线外面的胶皮，缓缓用力将 8 条导线同时沿 RJ-45 头内的 8 个线槽插入，一直插到线槽的顶端，如图 1-13 和图 1-14 所示。

图 1-13 剪齐后的双绞线

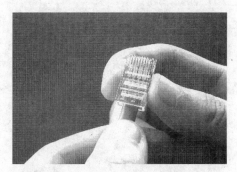

图 1-14 插入

（6）压制：确认所有导线都到位，并透过水晶头检查一遍线序无误后，就可以用压线钳压制 RJ-45 头了。将 RJ-45 头从无牙的一侧推入压线钳夹槽后，用力握紧线钳（如果力气不够大，可以使用双手一起压），将突出在外面的针脚全部压入水晶并头内，如图 1-15 所示。

（7）测试：把在 RJ-45 两端的接口插入测试仪的两个接口之后，打开测试仪可以看到测试仪上的两组指示灯都在闪动。若测试的线缆为直通线缆的话，在测试仪上的 8 个指示灯应该依次为绿色闪过，证明了网线制作成功，可以顺利地完成数据的发送与接收。若测试的线缆为交叉线缆的话，其中一侧同样是依次由 1～8 闪动绿灯，而另外一侧则会根据 3、6、1、4、5、2、7、8 这样的顺序闪动绿灯。

图 1-15　压制

　　若出现任何一个灯为红灯或黄灯，都证明存在断路或者接触不良现象，此时最好先对两端水晶头再用网线钳压一次，再测。如果故障依旧，再检查一下两端芯线的排列顺序是否一样，如果不一样，应剪掉一端重新参考另一端芯线排列顺序制作水晶头。如果芯线顺序一样，但测试仪仍显示红色灯或黄色灯，则表明其中肯定存在对应芯线接触不好。此时只好先剪掉一端参考另一端芯线顺序重做一个水晶头了。再测，如果故障消失，则不必重做另一端水晶头，否则还得把原来的另一端水晶头也剪掉重做，直到测试全为绿色指示灯闪过为止。

练　　习

　　利用五类双绞线、RJ-45 水晶头和制作工具，制作一根互联网线，并用它连接两台电脑。

项目二　构建对等网络

一、教学目标

计算机网络按其工作模式分主要有对等模式和客户机/服务器（C/S）模式，在家庭网络中通常采用对等网模式，而在企业网络中则通常采用 C/S 模式。因为对等网模式注重的是网络的共享功能，而企业网络更注重的是文件资源管理和系统资源安全等方面。对等网除了应用方面的特点外，更重要的是它的组建方式简单，投资成本低，非常容易组建，非常适合于家庭、小型企业选择使用。学习网络组建当然是从最基本着手，而对等网是最简单的一种网络模式。

（1）了解什么是对等网。

（2）掌握对等网的构建方法。

二、工作任务

通过本节对对等网有一定了解，并会自己动手组建简单的对等网络。

三、相关实践知识——Windows 2000 下双机双绞线对等网组建

（一）准备工作

首先是网卡，网卡的牌子和种类很多，最好选用符合 Windows 系列的即插即用的网卡，如以太网卡、D-LINK 等，这样在以后的工作中会方便一些。

网线有同轴电缆和双绞线，双绞线具有价格便宜、网络扩充及维护简单的特点，所以在此选用双绞线。虽然被称为双绞线，实际是一种包含有 8 根内芯的扁平电缆。操作中选用 100 兆的 8 芯线就可以了。使用双绞线网络至少需要一台 HUB（集线器），HUB 有 8 口、12 口、16 口等各种类型，选择时，其接口的数量要大于计算机的数量。

然后还需要足够量的双绞线接头（RJ-45 接头），这种接头有点像电话线的接头，不过电话的接头是 4 芯的，而且个头也要比 RJ-45 接头小一些；还要一把能配这种接头的剥线/压线钳。

到此，实验所需要的所有硬件都已经备齐了。

（二）网络硬件的安装

1. 网卡的安装

首先像安装其他任何硬件卡一样，将网卡插入 PC 机的一个 ISA 或 PCI 插槽中，固定好即可。

2. 双绞线的制作

剪裁适当长度的双绞线，用剥线钳剥去其端头 1cm 左右的外皮（注意内芯的绝缘层不要剥除），一般内芯的外皮上有颜色的配对，按颜色排列好，将线头插入 RJ-45 接头，用钳子压紧，确定没有松动，这样一个接头就完成了。按照上述方法将双绞线的各端都连好接头。

3. 连接

将制作好的网线分别插入两台主机的网卡上，若网卡显示灯亮，则说明连接正常。

（三）网卡配置

通常在安装网卡后，基本的网络组件，如网络客户、TCP/IP 都已安装，我们只需进行一些必要的配置即可。主要完成以下几个方面的配置：配置 TCP/IP、配置工作组中的标识数据、安装网络客户、配置共享和网络服务。

（四）其他参数配置

1. 设置 TCP/IP 协议

右击"网上邻居"→"属性"，右击"本地连接"→"属性"，选择"TCP/IP 协议"→"属性"选项。如图 2-1 所示，分别设置以下项目。

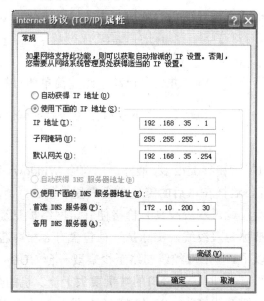

图 2-1 "TCP/IP 协议属性"对话框

（1）设置 IP 地址。

（2）设置子网掩码。

（3）设置默认网关。

（4）设置 DNS 服务器。

【注意】两台主机的 IP 地址必须设置在同一个网络内，否则无法通信。

2. 配置工作组中的标识数据

选择"开始"→"设置"→"控制面板"命令，在"控制面板"窗口中双击"系统"

图标,在弹出的"系统特性"对话框中选择"网络标识"选项卡。在"网络标识"选项卡中,显示出当前的 Windows 2000 系统安装时默认用来在网络上标识该计算机的名称和所在的工作组名称,单击"属性"按钮。如图 2-2 所示,在弹出的"计算机名称更改"对话框中,分别输入用户为计算机定义的新名称和用户将加入的工作组名称。

【注意】必须把两台主机设置在同一工作组内,计算机名不能同名。

3. 在 Windows 2000 的对等网中,应使用 Microsoft 网络客户端

在"控制面板"中双击"网络和拨号连接"图标,打开"网络和拨号连接"窗口,右击"本地连接"图标,在弹出的菜单中选择"属性"命令,打开"本地连接 属性"对话框,单击"安装"按钮,如图 2-3 所示。在"选择网络组件类型"对话框的列表框中双击"客户"选项。在"选择网络客户"对话框列表框中选择"Microsoft 网络客户端"选项,然后单击"确定"按钮,如图 2-4 所示。

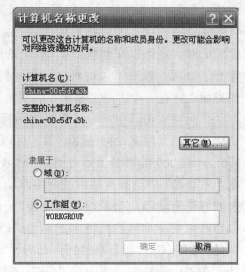

图 2-2 "计算机名称更改"对话框

图 2-3 "本地连接 属性"对话框

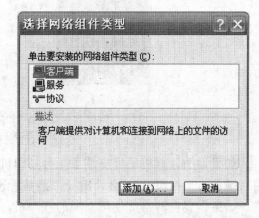

图 2-4 "选择网络组件类型"对话框

4. 网络资源的共享

工作还没有最后完成,因为还没有设置计算机中可以在网络中被共享的设备。双击"我的电脑"图标,将鼠标移到某图标,比如 C 盘,用右键单击,会弹出一个菜单,单击"共享",将"共享为"一项选中,在"共享名"一项中可为 C 盘起一个名字,比如"DISKC",设置访问类型可以是"只读"(只能读不能写)、"完全"(可读、可写、可删)和"根据口

令访问"（由口令决定访问权限），然后输入相应的口令，一般情况下设为"只读"即可。可对任意的硬盘、光驱甚至是磁盘上的某一目录或者文件设置为共享与否，这样在共享磁盘的同时，还可以在硬盘上保留自己的一个目录，用来存放私人信息。当所有的机器都设置好了以后，就可以像访问自己的硬盘一样访问其他计算机的硬盘了。在 Windows 2000 的桌面上，有一个"网上邻居"的图标，双击"网上邻居"，所有联网的计算机都会出现在上面，只要双击其中一台计算机的图标，就可以访问该计算机的共享资源了。

如果经常用某个网络驱动器，可以把某个网络驱动器映射到自己的计算机上。首先在 Windows 2000 的桌面上用右键点击"我的电脑"，会弹出一个菜单，选"映射网络驱动器"，在"驱动器"中选择所映射的网络驱动器在你的计算机中所占的盘符，"路径"指你所要映射的网络驱动器，"登录时重新连接"是选择重新启动计算机时是否再次连接此映射。比如，你想映射的驱动器在网络中的名为"COMPUTER1"的计算机上的驱动器"C:"，它的名字是"DISKC"，把它映射到自己的计算机上作为"G:"盘，下次启动时还保留此驱动器。那么在"驱动器"一项中选"G:"，在"路径"一项中输入"\\COMPUTER1\DISKC"，选中"下次登录时重新连接"，再单击"确定"按钮，如图 2-5 所示。再次打开"我的电脑"时，就能看到"G:"盘了，不过对"G:"盘的读写操作要受到网络驱动器最初共享级别设置的限制。

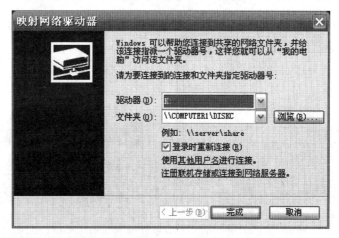

图 2-5 "映射网络驱动器"对话框

如果你的计算机已经安装了一台打印机，打开"控制面板"中的"打印机"文件夹，用右键单击"打印机"，会弹出一个菜单，选"共享"这一项，那么网上的朋友都能使用它了。如果你要在网络上使用别人的打印机，在"我的电脑"中打开"打印机"这一项，双击"添加打印机"，在"如何与计算机相连"中选"网络打印机"，在"网络路径或队列名"一项选"浏览"，在"网上邻居"中找到打印机所在的计算机，打开那台计算机就能看到你所需要的打印机，选中你所需要的打印机然后按照提示即可完成安装。最后还可以打印一张测试页，看看安装是否成功。

到此，一个简单好用的局域网就设置完了。在网络上共享资源，无论是文件的传递还是打印机的使用都十分方便。这种网上每一台计算机都可以互相访问，计算机之间也没有主次之分，各自都有绝对的自主权的网络被称为对等式的网络（PEER TO PEER），也叫点对点的网络。

四、理论知识

（一）对等网简介

"对等网"也称"工作组网"。在对等网络中，计算机的数量通常不会超过 20 台，所以对等网络相对比较简单。在对等网络中，对等网上各台计算机有相同的功能，无主从之分。网上任意节点计算机既可以作为网络服务器，为其他计算机提供资源；也可以作为工作站，以分享其他服务器的资源；任一台计算机均可同时兼作服务器和工作站，也可只作其中之一。同时，对等网除了共享文件之外，还可以共享打印机，对等网上的打印机可被网络上的任一节点使用，如同使用本地打印机一样方便。因为对等网不需要专门的服务器来做网络支持，也不需要其他组件来提高网络的性能，因而对等网络的价格相对要便宜很多。

对等网主要有如下特点：

（1）网络用户较少，一般在 20 台计算机以内，适合人员少，应用网络较多的中小企业。

（2）网络用户都处于同一区域中。

（3）对于网络来说，网络安全不是最重要的问题。

它的主要优点有：网络成本低、网络配置和维护简单。

它的缺点也相当明显的，主要有：网络性能较低、数据保密性差、文件管理分散、计算机资源占用大。

（二）对等网结构

虽然对等网结构比较简单，但根据具体的应用环境和需求，对等网也因其规模和传输介质类型的不同，其实现的方式也有多种，下面分别介绍。

1. 两台机的对等网

这种对等网的组建方式比较多，在传输介质方面既可以采用双绞线，也可以使用同轴电缆，还可采用串、并行电缆。所需网络设备只需相应的网线或电缆和网卡，如果采用串、并行电缆还可省去网卡的投资，直接用串、并行电缆连接两台机即可。显然这是一种最廉价的对等网组建方式。这种方式中的"串/并行电缆"俗称"零调制解调器"，所以这种方式也称为"远程通信"。但这种采用串、并行电缆连接的网络的传输速率非常低，并且串、并行电缆制作比较麻烦，在网卡如此便宜的今天这种对等网连接方式比较少用。

2. 三台机的对等网

如果网络所连接的计算机不是两台，而是三台，则此时就不能采用串、并行电缆连接了，而必须采用双绞线或同轴电缆作为传输介质，而且网卡是不能少的。如果是采用双绞线作为传输介质，根据网络结构的不同又可有两种方式：

（1）一种是采用双网卡网桥方式，就是在其中一台计算机上安装两块网卡，另外两台计算机各安装一块网卡，然后用双绞线连接起来，再进行有关的系统配置即可。

（2）添加一个集线器作为集结线设备，组建一个星形对等网，三台机都直接与集线器相连。从这种方式的特点来看，虽然可以省下一块网卡，但需要购买一个集线器，网络成本会较前一种高些，但性能要好许多。

3. 多于三台机的对等网

对于多于三台机的对等网组建方式只能有两种：

（1）采用集线设备（集线器或交换机）组成星形网络。

（2）用同轴电缆直接串联。虽然这类对等网也可采用双网卡网桥方式，就是在除了首、尾两台计算机外都采用双网卡配置，但这种方式因要购差不多两倍的网卡，成本较高；且双网卡配置对计算机硬件资源要求较高，所以不可能有人会用这种方式来实现多台计算机的对等网相连。

以上介绍是对等网的硬件配置，在软件系统方面，对等网更是非常灵活。几乎所有操作系统都可以配置对等网，包括网络专用的操作系统，如 Windows NT Server/Server 2000/Server 2003、Windows 9x/ME/2000 Professional/XP 等，早期的 DOS 系统也可以配置对等网。

因为对等网类型繁多，所用系统组成也是多种多样，所以在本节仅介绍目前在中小企业和家庭中常用的 Windows 2000 Professional 系统中双绞线两台机的对等网配置方法。多机及其他操作系统下对等网的配置方法类似，参照即可。

【上机操作】

按照实验操作步骤，利用现有设备组建一个简单对等网。

项目三 Windows 网络配置和 TCP/IP 协议配置及诊断

一、教学目标

学习在 Windows 系统中进行网络配置，用 ping、ipconfig/winipcfg 命令工具来进行网络测试。

本项目在于使学生更好地理解计算机网络设置的基本操作，掌握计算机网络配置的基本监测技术。

二、工作任务

掌握 Windows 系统中的网络配置，会用简单命令进行检测。

三、相关实践知识

（一）进入"本地连接状态"

1. 方法一

单击"开始"→"设置"→"网络连接"命令，双击"本地连接"图标，进入"本地连接状态"。

2. 方法二

单击"开始"→"控制面板"命令，双击"网络连接"图标，双击"本地连接"图标，进入"本地连接状态"，如图 3-1 所示。

（二）进入"本地连接属性"

在"本地连接状态"中，单击"属性"，进入"本地连接属性"。

（三）进入"TCP/IP 属性"

（1）在"本地连接属性"中，选中"Internet 协议（TCP/IP）"，然后单击"属性"按钮，如图 3-2 所示。

（2）或在"本地连接属性"中，双击"Internet 协议（TCP/IP）"直接进入"TCP/IP 属性"。

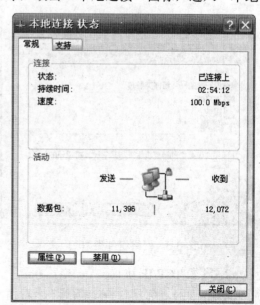

图 3-1 本地连接属性

图 3-2　TCP/IP 属性

（四）Windows TCP/IP 协议配置

1. 安装 TCP/IP 协议

（1）安装网络适配器。

（2）安装网络适配器驱动程序。

（3）安装 TCP/IP 协议。

打开"控制面板"→"网络连接"→"本地连接"，右键调出"本地连接 属性"对话框→"安装"→"协议"，选择 TCP/IP 协议，开始安装，如图 3-3 和图 3-4 所示。

图 3-3　网络组件类型

图 3-4　选择网络协议

2. 设置 TCP/IP 协议

右击"网上邻居"→"属性"，右击"本地连接"→"属性"，选择"Internet 协议（TCP/IP）"→"属性"按钮，打开如图 3-5 所示的对话框。

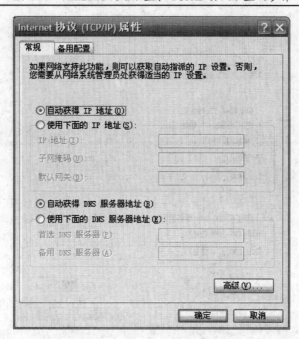

图 3-5 TCP/IP 属性对话框

（1）设置 IP 地址和子网掩码。在 TCP/IP 属性对话框中，IP 地址的获得有两种方式，一种是勾选"自动获得 IP 地址"，自动从 DHCP 服务器中获得 IP 地址；另一种是在"IP 地址"一栏中输入主机的 IP 地址，指定 IP 地址，如图 3-6 所示。若主机 IP 地址输入正确，则"子网掩码"一栏中子网掩码会根据输入的 IP 地址自动生成。

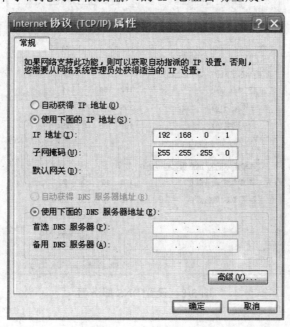

图 3-6 设置 IP 地址

（2）设置默认网关。在"默认网关"一栏中输入正确的地址，如图 3-7 所示。

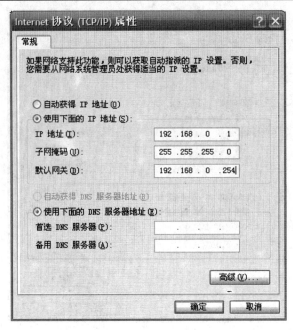

图 3-7 设置默认网关

（3）设置 DNS 服务器。DNS 服务器是用来进行域名解析的，用户如要连上因特网，就必须配置 DNS，如图 3-8 所示。

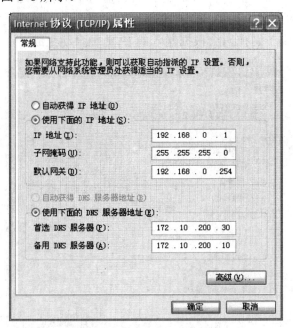

图 3-8 设置 DNS 服务器

（五）调试网络

1. 用 IPconfig 命令查看网络配置

（1）单击"开始"→"程序"→"附件"。

（2）单击"命令提示符"命令。

（3）或者单击"开始"→"运行"→在对话框中输入 cmd 然后按回车键，如图 3-9 所示。

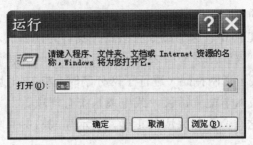

图 3-9 cmd 命令对话框

（4）在"命令提示符"下，输入命令 ipconfig/all，其中：

Physical Address : 00-11-5B-20-58-59　　　网卡的 MAC 地址

Dhcp Enabled. . . . . . . : No

IP Address. . . . . . . : 192.168.0.1　　　IP 地址

Subnet Mask . . . . . . : 255.255.255.0　　　子网掩码

Default Gateway . . . . : 192.168.0.254　　　网关

DNS Servers: 172.10.200.30　　　主域名服务器的 IP 地址

2. 用 Ping 命令测试 TCP/IP 协议安装配置是否成功

Ping 是测试网络连接状况以及信息包发送和接收状况非常有用的工具，是网络测试最常用的命令。Ping 向目标主机（地址）发送一个回送请求数据包，要求目标主机收到请求后给予答复，从而判断网络的响应时间和本机是否与目标主机（地址）连通。

如果执行 Ping 不成功，则可以预测故障出现在以下几个方面：网线故障、网络适配器配置不正确、IP 地址不正确。如果执行 Ping 成功而网络仍无法使用，那么问题很可能出在网络系统的软件配置方面，Ping 成功只能保证本机与目标主机间存在一条连通的物理路径。

命令格式：ping [-t] [-a] [-n count] [-l length] [-f] [-i ttl] [-v tos] [-r count] [-s count] [-j-Host list] | [-k Host-list] [-w timeout] destination-list

参数含义：

-t 不停地向目标主机发送数据，直到用户按 Ctrl+C 结束。

-a 将地址解析为计算机名。

-n count 指定要 Ping 多少次，具体次数由 count 来指定。

-l size 指定发送到目标主机的数据包的大小。

（1）测试本机 TCP/IP 协议安装配置是否成功。

Ping 127.0.0.1

这个 Ping 命令被送到本地计算机的 IP 软件，如果此测试不能通过，就表示 TCP/IP 的安装或配置存在问题。

（2）Ping 本机 IP。这个命令被送到计算机所配置的 IP 地址，计算机始终都应该对该 Ping 命令作出应答，如果没有，则表示本地配置或安装存在问题。出现此问题时，局域网用户请断开网络电缆，然后重新发送该命令。如果网线断开后本命令正确，则表示另一台计算机可能配置了相同的 IP 地址。

（3）Ping 局域网内其他 IP。这个命令应该离开我们的计算机，经过网卡及网络电缆到达其他计算机，再返回。收到回送应答表明本地网络中的网卡和载体运行正确。但如果收到 0 个回送应答，那么表示子网掩码（进行子网分割时，将 IP 地址的网络部分与主机部分分开的代码）不正确，或网卡配置错误，或电缆系统有问题。

（4）Ping 网关 IP。这个命令如果应答正确，表示局域网中的网关路由器正在运行并能够作出应答。

（5）Ping 远程 IP。如果收到四个应答，表示成功地使用了默认网关。

（6）Ping LOCALHOST。LOCALHOST 是操作系统的一个网络保留名，它是 127.0.0.1 的别名，每台计算机都应该能够将该名字转换成该地址。如果没有做到这一点，则表示主机文件（/Windows/host）中存在问题。

【上机操作】

对 Windows 系统进行网络配置，使用 Ping 工具测试本机 TCP/IP 协议的工作情况，记录下相关信息，使用 ipconfig 工具测试本机 TCP/IP 网络配置，记录下相关信息。

项目四 构建小型局域网

一、教学目标

能够通过本项目归纳和总结小型局域网的构建方法与使用方法；并在项目中理解 OSI 分层模型和 TCP/IP 协议的基本思想，理解 IP 地址的格式和分类；能够掌握小型局域网中常见服务器的安装与配置方法。

（1）能正确安装与配置小型局域网中服务器的安装与配置方法。

（2）能正确安装与配置 DNS、DHCP、Web、FTP、E-mail 等服务器。

（3）能在项目中理解 OSI 分层模型和 TCP/IP 协议的基本思想。

二、工作任务

使用 Windows Server 2003 安装与配置 DNS、DHCP、Web、FTP、E-mail 等多种局域网服务器。

模块一 Windows Server 2003 安装

一、教学目标

使学生能够使用常用方法安装 Windows Server 2003 软件。

二、工作任务

学会 Windows Server 2003 的安装方法。

三、相关实践知识——Windows Server 2003 安装过程

（一）安装硬件要求

在准备将 Windows Server 2003 的某个版本安装到计算机上时，必须清楚目标计算机是否满足安装所需要的最小硬件配置。尽量提升计算机的硬件配置，达到微软公司推荐的最低，以便系统安装完成后可以流畅地运行。具体要求如表 4-1 所示。

（二）安装方式

常规的安装方式大体可分为两种："升级安装"和"全新安装"。升级安装可以将 Windows NT4.0、Windows 2000 Server 等操作系统升级到 Windows Server 2003。完成升级安装后，原系统内的用户账户、组账户、系统设置和权利权限等都将被保留，原有的应用

程序也不需要重新安装。全新安装在安装过程中应格式化系统分区，从头完成系统安装。虽然安装过程较为彻底，但安装完成后还要安装硬件的驱动程序、应用程序和配置系统，工作量较大。用户应根据具体情况来选择安装方式。

表 4-1　Windows Server 2003 的硬件要求

要求 版本	推荐 CPU 速度	最小内存	推荐最小内存	多处理器支持	最少磁盘空间
标准版	550MHz	128MB	256MB	最多 4 个	1.5GB
企业版	733MHz	128MB	256MB	最多 8 个	1.5GB
数据中心版	733MHz	512MB	1GB	最多 64 个	1.5GB
Web 版	550MHz	128MB	256MB	最多 2 个	1.5GB

（三）安装过程

（1）将系统光盘放入光驱，从光盘引导系统。引导程序会自动载入相关程序，然后停在如图 4-1 所示界面。按回车键开始安装系统。接下来安装程序会询问用户是否接受授权协议。用户只能按 F8 键接受，否则将退出安装。

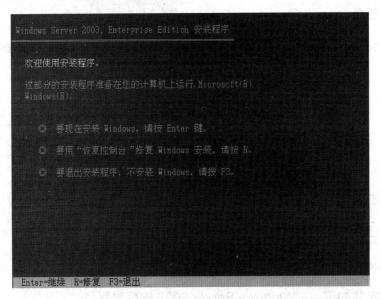

图 4-1　开始安装

（2）这是很重要的一步，在如图 4-2 所示的界面中，用户要为磁盘分区并选择系统的安装位置。

（3）在如图 4-2 所示界面中按 C 键，并输入分区的大小创建分区。为系统选择所在分区，按回车键后会出现如图 4-3 所示的界面。

（4）安装程序复制文件到磁盘上，如图 4-4 所示。

（5）文件复制结束后，机器会重新启动。蓝屏方式下安装结束，进入到图形界面下继续安装，如图 4-5 所示。

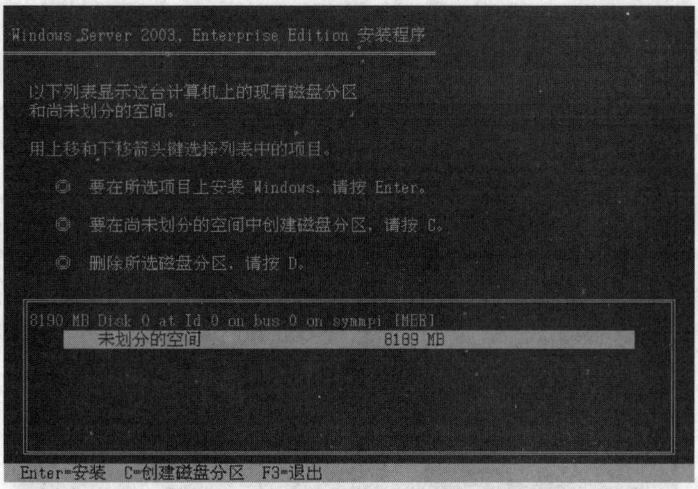

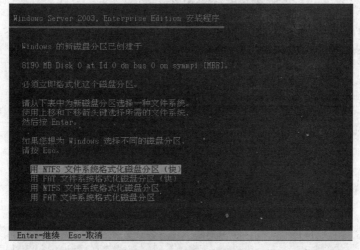

图 4-2　为磁盘分区

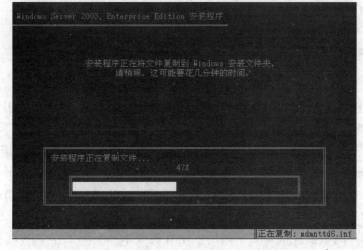

图 4-3　分区格式化

图 4-4　文件复制

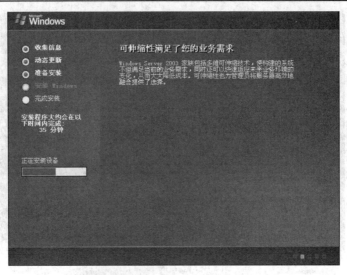

图 4-5　开始图形界面下的安装

（6）安装程序要求选择地区和语言，这一步保持默认即可，单击"下一步"按钮，输入用户姓名和单位名称，如图 4-6 所示。

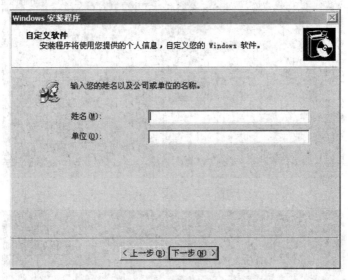

图 4-6　输入"姓名"和"单位"

（7）选择"授权模式"，如图 4-7 所示。选择"每服务器"单选按钮，是指将访问许可证分配给当前的服务器，超过授权数量的连接将被拒绝。选择"每设备或每用户"单选按钮，访问许可证将放在客户端。如果不知道该选哪项就选择前者，因为当系统安装完毕后有一次从"每服务器"到"每设备或每用户"的转换机会。并且这种转换不可逆。单击"下一步"按钮。

（8）如图 4-8 所示输入计算机名称和管理员密码。管理员即 Administrator 是系统在安装过程中自动建立的，具有管理本机的最高权限。此账户也是首次登录系统时可以使用的唯一账户。该账户的重要性决定了密码的安全性的要求，实际工作中应为 Administrator 设置一个较为复杂的密码。单击"下一步"按钮。

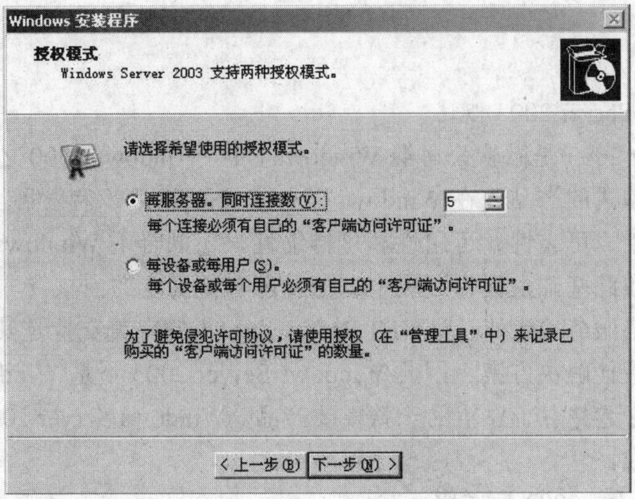

图 4-7 授权模式

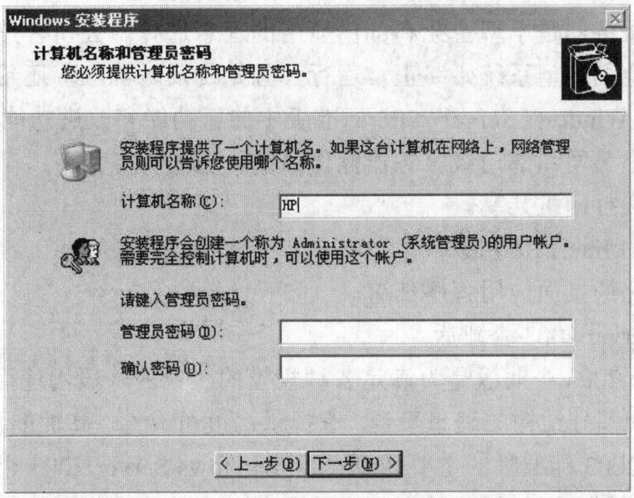

图 4-8 计算机名称和管理员密码

（9）当系统再次重新启动后，首先出现"欢迎使用 Windows"的窗口，按下 Ctrl+Alt+Del 组合键将会出现如图 4-9 所示的系统登录对话框。输入系统管理员的用户名和密码登录系统。系统的安装过程到此完成。

图 4-9 系统登录界面

四、理论知识

（一）Windows Server 2003 概述

Windows Server 2003 是微软公司继 Windows NT、Windows 2000 之后，在网络操作系统市场上又一里程碑式的产品。在 Windows Server 2003 中继承和发展了 Windows 2000 的优良特性，如安全性、可靠性、可用性和可伸缩性，还融合了 Windows XP 的易用性、人性化、智能化，并在此基础上提供了更丰富的功能和更稳定的内核，非常适合于搭建中小型网络中的各种网络服务。此外，对.NET Framework1.1 的完美支持是其最大的变化，提供了从部署到管理的最佳解决方案。因此 Windows Server 2003 不是 Windows 2000 的简单升级，它是微软精心打造并寄予厚望的一款重要产品。Windows Server 2003 系列由四款定位不同的操作系统构成。

1. Windows Server 2003 标准版

Windows Server 2003 标准版是一个可靠的网络操作系统，可迅速方便地提供企业解决方案。这种灵活的服务器是小型企业和部门应用的理想选择。公司客户希望利用技术不断地创造商业价值。他们希望系统始终正常运行并且始终及时响应，还希望安全级别可以应对当今面临的挑战。Windows Server 2003 标准版中的新功能和改进功能使其成为 Microsoft 发布过的最稳定的小公司和部门级服务器操作系统。它的特点如下：

（1）支持文件和打印机共享。

（2）提供安全的 Internet 连接。

（3）允许集中化的桌面应用程序部署。

2. Windows Server 2003 企业版

Windows Server 2003 企业版是为满足各种规模的企业的一般用途而设计。它是各种应用程序、Web 服务和基础结构的理想平台，它提供高度可靠性、高性能和出色的商业价值。与 Windows Server 2003 标准版的主要区别在于 Windows Server 2003 企业版支持高性能服务器，并且可以集群服务器，以便处理更大的负荷。它的特点如下：

（1）是一种全功能的服务器操作系统，支持多达 8 个处理器。

（2）提供企业级功能，如 8 节点集群、支持高达 32GB 内存等。

（3）将可用于能够支持 8 个处理器和 64GB RAM 的 64 位计算平台。

3. Windows Server 2003 数据中心版

Windows Server 2003 数据中心版为了实现最高可伸缩性和可靠性而设计，支持数据库的关键业务解决方案、企业资源计划软件、大量实时事务处理和服务器合并。Windows Server 2003 数据中心版通过 OEM 方式为合作伙伴提供 32 位和 64 位两个版本。它的特点如下：

（1）是 Microsoft 迄今为止开发的功能最强大的服务器操作系统。

（2）支持高达 32 路的 SMP 和 64GB 的 RAM。

（3）提供 8 节点群集和负载平衡服务是它的标准功能。

（4）将可用于能够支持 64 位处理器和 912GB RAM 的 64 位计算平台。

4. Windows Server 2003 Web 版

Windows Server 2003 Web 版是为专用的 Web 服务和宿主设计的，它为 Internet 服务提供商、应用程序开发人员以及其他使用或部署特定 Web 功能的人提供了一个单用途的解决方案。Windows Server 2003 Web 版利用了 Internet Information Services（IIS）6.0、Microsoft ASP .NET 和 Microsoft. NET Framework 中的改进，使构建和承载 Web 应用程序、网页和 XML Web 服务更加容易。它的特点如下：

（1）用于生成和承载 Web 应用程序、Web 页面以及 XML Web 服务。

（2）其主要目的是作为 IIS6.0Web 服务器使用。

（3）提供一个快速开发和部署 XML Web 服务和应用程序的平台，这些服务和应用程序使用 ASP.NET 技术，该技术是.NET 框架的关键部分。

（4）便于部署和管理。

（二）Windows Server 2003 功能简介

Windows Server 2003 是一个多任务多用户的操作系统，它能够按照用户的需要，以集中或分布的方式担当各种服务器角色。其中的一些服务器角色包括：

（1）文件和打印服务器。

（2）活动目录（AD）服务器。

（3）Web 服务器和 FTP 服务器。

（4）DNS 服务器和 WINS 服务器。

（5）动态主机配置协议（DHCP）服务器。

（6）邮件服务器。

（7）终端服务器。

（8）远程访问/虚拟专用网络（VPN）服务器。

（9）流媒体服务器。

由 Windows Server 2003 操作系统所构件的这些服务器不仅功能强大，维护便利而且操作也相对简单。是当今企业级服务器市场上应用的主流产品之一。

五、拓展知识——Windows Server 2003 网络管理

（一）本地用户和组

Windows Server 2003 与 Windows 2000 Server 一样是一个多用户多任务的系统。只有在用户明确地向计算机表明自己的身份后，计算机才会允许用户进入系统，并以此来判断用户所具有的权利与权限。这是保障系统与资源安全的一道重要屏障，因此每一位用户必须要有一个用户账户。用户账户主要由用户名和密码构成，以此向计算机表明自己的身份。本地用户账户的信息存储在本地计算机的 SAM 数据库中。

在管理用户账户的过程中，经常需要为每位用户设置相应的权利与权限。大多数情况下这些操作是类似的。始终逐一地进行操作是一件费事费力又容易出错的事情，如果再遇到如人事变动、机构调整等情况，那就更糟糕了。这时候组能给我们带来很大的便利。根据实际情况建立相应的组，并为组分配权利与权限。当需要对用户进行操作时只需要将他

放入相应的组中即可，这个组中用户会自动继承组的一些属性。

1. 系统内建本地用户账户

Windows Server 2003 安装完成后，系统已经自己建立了两个用户账户 Administrator（管理员）和 Guest（来宾）。这是两个很特别的账户，可以更名但不可以删除。

（1）Administrator：称为系统管理员。他是系统的主宰，具有系统所赋予的一切权利。也是系统中权利最高的用户。此账户的功能主要是从事系统的管理工作。在系统的安装过程中提示输入的密码就是 Administrator 的密码。出于安全的考虑，建议对此账户更名。否则一旦让别人猜到了 Administrator 的密码，系统的控制权便会落入他人之手。

（2）Guest：称为来宾账户。对于某些用户临时使用系统的需要，没有必要建立用户账户。系统提供了 Guest 账户来满足这些用户的需求。Guest 账户只具有系统最基本的使用权利，如运行程序、网络使用，不可以更改系统的配置。出于安全的考虑，此账户默认情况下是被禁用的，如果需要使用来宾账户，需要手动开启。

2. 系统内建本地组账户

为满足实际应用的需要，系统默认建立的组账户比用户账户要复杂。经常用到的有以下这些组：

（1）Administrators。这是权利最高的一个组，系统的内建用户 Administrator 就是这个组中的成员。这个组中的其他成员也几乎具有和 Administrator 完全一样的权利。所以将用户加入这个组时应十分谨慎。

（2）Power Users。该组用户的权利要小于 Administrator，但又要大于其他组的成员。是系统中权利较高的一个组。可以管理除 Administrators 和 Backup Operators 组成员以外的其他本地用户账户，可管理本地的共享资源，更改系统的配置等。

（3）Backup Operators。Backup Operators 是备份操作员组。该组中的成员都是备份操作员。他们可以忽略权利而对系统中的文件与文件夹进行备份操作，功能比较专一。

（4）Users。默认情况下，系统新建用户都是 Users 组的成员。该组中的用户只具有一些基本的权利可以运行程序、使用网络，不可以更改系统的配置。甚至不可以执行关闭 Windows Server 2003 系统的操作。

（5）Guests。来宾用户组。系统认为该组中的用户只是计算机的临时使用者，只能执行最基本的操作。Guest 就是这个组中的默认成员。

（6）Network Configuration Operators。网络配置操作员组。这也是一个功能比较专一的组。该组中的成员可以在客户端完成一般的网络配置任务，如更改 IP 地址等，但不可以安装/删除驱动程序与系统服务，也不可以执行与网络服务配置有关的任务，如 DNS 服务器、DHCP 服务器等的配置。

（二）文件系统管理

在一块新的磁盘上安装操作系统之前，需要对硬盘进行分区操作。有了分区之后还需要为每个分区选择合适的文件系统，并用这种文件系统格式化磁盘。文件系统就是指明磁盘上信息存储的格式。常见的文件系统有 FAT、FAT32 和 NTFS。

FAT 主要是 DOS 或 Windows 98 所使用的文件格式。最初，它用于小型磁盘和简单文件结构的简单文件系统。采用 FAT 文件系统格式化的分区，以簇作为文件存放的起点，并且簇的大小随分区的大小而增大。因为浪费较大，当分区大于 512 MB 时不推荐使用 FAT 文件系统，所以 FAT 文件系统适合使用在容量较小的磁盘上。就算不考虑簇的大小，大于 4GB 的分区也不能使用 FAT 文件系统。

FAT32 文件系统是比 FAT 先进的文件系统。Windows 98 主要使用此文件系统。它支持超过 32GB 的分区，并且通过使用更小的簇来使磁盘空间得以更充分的利用。在不大于 2TB 的分区上可以使用此种文件系统。

1. NTFS 文件系统

FAT 和 FAT32 文件系统 Windows Server 2003 都支持，但推荐使用 NTFS 文件系统，尤其是在大于 32GB 的分区中使用。因为 NTFS 文件系统的簇最大为 64KB，磁盘的利用率较高，而且在安全性、可靠性和扩展功能上都有着前两者无法比拟的优越性。例如：文件和文件夹权限的设置、文件的压缩与加密、磁盘配额、审核资源的使用情况。

所以，一般情况下为一台即将安装 Windows Server 2003 的服务器选择文件系统时，都会选择 NTFS 文件系统。当然，如果操作系统已经安装在了一个非 NTFS 分区之上，也可以使用 Convert.exe 将其转换为 NTFS 文件系统，而且已经存在的数据不会丢失。但反之不行。

2. NTFS 权限

使用 NTFS 文件系统的分区称为 NTFS 分区。NTFS 权限是保障 NTFS 分区上资源安全的重要手段。也只有在 NTFS 分区上才存在 NTFS 权限的问题。那么如何判断一个分区是否是 NTFS 分区呢？ 双击"我的电脑"图标，右击任一分区单击"属性"命令，如图 4-10 所示。

图 4-10　"本地磁盘（C:）属性"对话框

（1）权利与权限。这是两个很容易混淆的概念，权利是 Right，和用户相关联，是指用户可以执行某些操作的能力；权限是 Permission，和资源相关联，是指用户是否有访问资源的许可。一个典型的例子是，Administrator 系统管理员一定是系统中权利最高的用户，但他对某项资源的权限可能很高，也可能很低，甚至根本不具有访问的权限。所以当遇到连系统管理员也不能访问的资源时，不用奇怪，很可能他不具有访问该资源的权限。

（2）标准 NTFS 文件权限如下：

1）读取：允许用户读取文件的内容，查看文件的属性、权限和文件的所有者等。

2）写入：允许用户更改文件的内容，更改文件的属性，查看文件的所有者等。

3）读取和运行：具有读取权限的所有功能并可以运行程序。

4）修改：具有读取、写入和运行权限的所有功能并可以删除文件。

5）完全控制：完全控制是权限中的最高级别。除了具有修改权限的所有功能外又多了两项特殊的权限。一是更改文件权限的权限，二是取得文件所有权的权限。

（3）标准 NTFS 文件夹权限如下：

1）读取：允许用户查看该文件夹内的子文件夹名和文件名，查看文件夹的属性、权限和所有者等。

2）写入：允许用户在该更改文件夹内添加子文件夹或文件，更改文件夹的属性，查看文件夹的权限和所有者等。

3）列文件夹目录：具有读取权限的所有功能，还具有遍历文件夹的所有子文件夹的权限。

4）读取和运行：与列文件夹目录的权限基本相同，只是从权限继承的角度来看有所不同。列文件夹目录的权限只能被其下的子文件夹继承，而读取和运行不但可以被子文件夹继承而且可以被文件继承。

5）修改：具有上述权限的所有功能并可以删除文件和子文件夹。

6）完全控制：允许用户在拥有上述所有权限的同时具有更改权限的权限和取得所有权的权限。完全控制同样也是文件夹权限的最高级别，如图 4-11 所示。

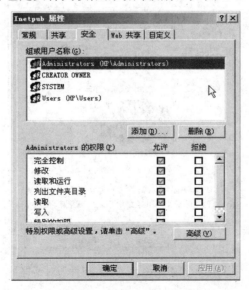

图 4-11　设置 NTFS 权限

（4）处理多重 NTFS 权限的基本准则如下：

1）权限继承：虽然既可以对文件设置权限又可以对文件夹设置权限，但通常更多的是对文件夹设置权限。默认情况下子文件夹和文件将继承父文件夹的权限。因为有了继承的存在，就不需要对磁盘上的每个文件或文件夹设置权限了。当然这种继承可以被阻断。

2）拒绝大于允许：如果用户 TOM 既是 A 组成员，又是 B 组成员。A 组对文件 file 具有读权限，而 B 组对文件 file 不具有读权限（读拒绝）。最终 TOM 对文件 file 不具有读权限。因为拒绝和允许权限同时出现时，拒绝大于允许。

3）权限累积：当一个用户同时是多个组的成员时，如果这些组对某资源具有不同的权限，那么用户的最终权限是这些权限的累积。如用户 TOM 既是 A 组的成员，又是 B 组的成员。A 组对文件 file 具有读权限，而 B 组对文件 file 具有写权限。最终 TOM 对文件 file 具有读写权限。

（5）文件和文件夹的复制或移动对 NTFS 权限的影响如下：

1）在同一 NTFS 分区内复制或移动：如果是复制文件的话，文件将继承新的父文件夹的权限；如果是移动文件，文件的权限将保持不变。

2）在不同的 NTFS 分区之间复制或移动：无论是复制或移动文件，文件都将继承新的父文件夹的访问权限。

3）从 NTFS 分区移动到 FAT 分区：因为 NTFS 权限是 NTFS 分区所特有的功能，当文件从 NTFS 分区复制或移动到非 NTFS 分区时权限将丢失。

3．NTFS 压缩与加密

文件、文件夹的压缩和加密是 NTFS 文件系统提供的另外两项重要功能。仅在 NTFS 分区上才能使用这两项功能，并且加密和压缩不能同时作用于同一对象，也就是说已经被压缩的文件或文件夹不能再被加密，反之亦然。

（1）文件和文件夹的压缩。在 NTFS 分区上对文件、文件夹甚至整个分区进行压缩可以有效地节约磁盘空间，而且这种压缩并不需要解压缩的操作，非常方便。

用鼠标右击要进行压缩的文件或文件夹，在弹出的快捷菜单中单击"属性"命令，接着单击常规选项卡上的"高级"按钮，将弹出如图 4-12 所示的"高级属性"对话框。

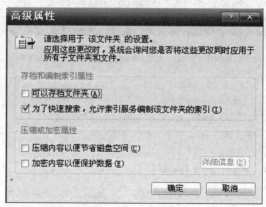

图 4-12　设置 NTFS 高级权限

选择"压缩内容以便节省磁盘空间"复选框，单击"确定"按钮退出，在"常规"选项卡上单击"应用"按钮，单击"确定"按钮后退出。如果对文件夹进行压缩还将出现如图 4-13 所示的对话框。

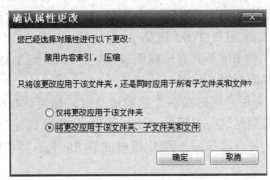

图 4-13　设置文件、文件夹压缩属性

1）仅将更改应用于该文件夹这种方式只压缩文件夹，不压缩子文件夹和文件。但以后在此文件夹下新产生的或新加入的文件夹和文件仍将被压缩。

2）将更改应用于该文件夹、子文件夹和文件这种方式压缩文件夹，子文件夹和文件都被压缩。而且在此文件夹下新产生的或新加入的文件夹和文件也将被压缩。

压缩后的文件、文件夹仍然像未经压缩时一样正常使用。只是它们在"资源管理器"中会以蓝色显示以示区别。

被压缩后的文件、文件夹在被移动或复制时其压缩属性将发生变化，其规律与 NTFS 权限的变化相同。也就是说，如果移动或复制到非 NTFS 分区，压缩属性将丢失；同一分区内的移动操作不会影响压缩属性；其余情况都将继承目的父文件夹的压缩属性。

（2）文件或文件夹的加密。利用 NTFS 文件系统提供的加密文件系统（EFS）可以实现对文件或文件夹的加密。加密后的文件或文件夹只有创建者或经过授权的用户可以访问，从而增强了文件的安全性。

用鼠标右键单击要进行加密的文件或文件夹，在弹出的快捷菜单中单击"属性"命令，接着单击常规选项卡上的"高级"按钮，将弹出如图 4-14 所示的"高级属性"对话框。

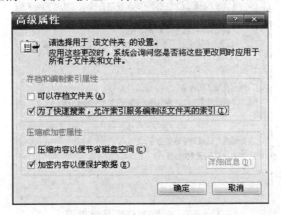

图 4-14　设置文件、文件夹的加密属性

选择"加密内容以保护数据"复选框，然后单击"确定"按钮退出，在"常规"选项卡上单击"应用"按钮，再单击"确定"按钮退出。

如果加密的是文件夹，将会出现如图 4-15 所示的对话框。

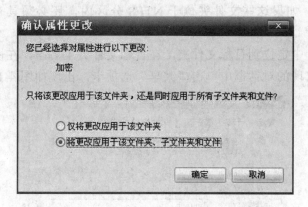

图 4-15　设置文件夹加密的属性

如果加密的是文件，将会出现如图 4-16 所示的对话框。

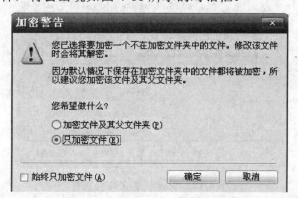

图 4-16　设置文件加密的属性

若选择"仅将更改应用于该文件夹"单选按钮，则以后在该文件夹内添加的文件与子文件夹都会被自动加密。但现有的文件与子文件夹不会被加密。若选择"将更改应用于该文件夹、子文件夹和文件"单选按钮，则现有的文件与子文件夹也会被加密。

当用户要读取文件或应用程序时，系统会将文件从磁盘读出、自动解密后提交给用户或应用程序，这一过程自动完成，对用户来说是透明的。

需要注意的是，使用 EFS 加密的文件，只有存在于硬盘的 NTFS 分区内时才可能被加密。当文件被从网络传输时是处于解密状态的。这时可以通过 IPSec 等其他技术来实现加密。如果加密文件被复制到非 NTFS 分区同样也是处于解密状态。

（三）文件夹的共享与访问

计算机网络的一个重要功能就是实现资源共享，将一份资源共享给网络上的其他用户。如何来创建共享，访问共享资源并使用共享权限来保护共享资源的安全是这一节要讨论的内容。

1. 设置共享文件夹

创建共享文件夹需要具有一定的权利，不是任一用户都可以创建共享文件夹。那么哪些人可以来创建共享文件夹呢。他们必须是 Administrators、ServerOperators 或 PowerUsers 等组的成员。另外，如果这些文件夹位于 NTFS 分区内，还必须具有"读取"的 NTFS 权限。

在"我的电脑"中定位到目标文件夹，在目标文件夹上右击，在快捷菜单中单击"属性"命令，在接着出现的对话框中单击"共享"选项卡，出现如图 4-17 所示对话框。

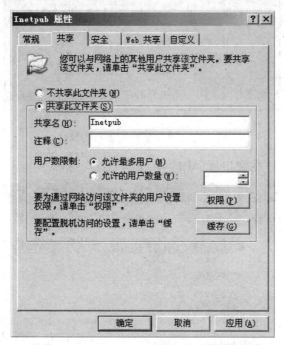

图 4-17　设置共享文件夹属性

选择"共享该文件夹"单选按钮后，下面的灰色区域将变成可编辑状态，同时会将文件夹名称作为默认的共享名。共享名是供客户访问时使用的名称，可以和原文件夹名称毫无关系。在"描述"部分可以为共享文件夹作简单的描述和说明。"用户数限制"是用来控制同时访问共享文件夹的用户人数。如果选择"最多用户"单选按钮，只要不超过系统本身的限度不限制同时访问共享文件夹的用户人数。如果机器的性能有限，则可以通过"允许的用户数量"来控制同时访问共享文件夹的用户人数。

可以键入以"$"作为共享名的最后一个字符来对用户隐藏共享资源。用户可映射一个指向该共享资源的驱动器，但在远程计算机上的"Windows 资源管理器"或"我的电脑"中，或者在远程计算机上使用"net view"命令浏览该共享资源时，无法看到这些共享资源。

2. 共享权限

在图 4-17 中单击"权限"按钮，打开如图 4-18 所示的窗口，可以为共享文件夹设置共享权限。

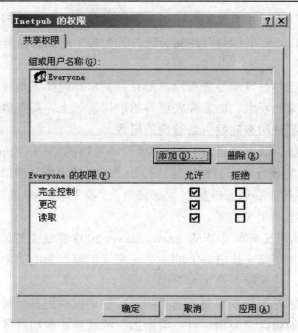

图 4-18　设置文件夹的共享权限

共享权限的种类较 NTFS 权限少，只有三种。

（1）读取。只能读取共享文件夹的内容，不能在共享文件夹内编辑、删除文件，也不能新建子文件或文件夹。默认情况下共享文件夹的共享权限就是"读取"。

（2）更改。可以读取共享文件夹的内容，在共享文件夹内编辑、删除文件，新建子文件夹或文件。

（3）完全控制。完全控制是共享权限的最高级，具有"更改"权限的所有功能，还可以修改文件夹的共享属性。

（四）磁盘管理

1. 磁盘管理概述

磁盘是计算机的存储器，操作系统的所有数据都存储在硬盘上。磁盘的性能和可靠性对操作系统的运行产生至关重要的影响。所以磁盘管理在网络和计算机管理中占有十分重要的地位。

磁盘是一个物理概念，对磁盘进行一定的划分形成若干个分区，分区是一个逻辑概念。根据分区的类型以及所提供功能的不同，磁盘可以分为基本磁盘和动态磁盘。基本磁盘以分区作为基本单位，而动态磁盘以卷作为基本单位。

2. 基本的磁盘

实际上基本磁盘并不是什么新鲜事物，从 DOS 时代一直到今天，绝大多数时候都在使用基本磁盘。基本磁盘由主磁盘分区（Primary Partion）或扩展磁盘分区（Extended Partion）构成。每一个基本磁盘都有分区表，用于记录基本磁盘的使用情况。分区表中最多只能记载四条记录，也就是说基本磁盘最多只能由四个主磁盘分区或三个主磁盘分区和一个扩展磁盘分区构成。

主磁盘分区可以作为操作系统的引导分区，而扩展磁盘分区则不可以。另外扩展磁盘分区也不能直接使用，还要继续划分逻辑分区，并为每个逻辑分区分配一个盘符。

3. 动态磁盘介绍

基本磁盘的使用已经可以满足普通用户的存储需求。但如果是一台服务器，则它对存储器可能会有一些特殊的要求，如怎样在现有的硬件基础上提高存储速度，怎样提高磁盘的容错性能等。这些都是动态磁盘所要解决的问题。

基本磁盘可以升级为动态磁盘，但这种升级是不可逆的，只有 Administrators 和 Backup Operators 组的成员才能执行这个转换工作。打开"磁盘管理器"窗口，用鼠标右击磁盘左侧的标签位置，选择"转换到动态磁盘"。动态磁盘由"卷"构成，根据功能的不同，Windows Server 2003 支持以下五种类型的卷。

（1）简单卷。顾名思义简单卷是 Windows Server 2003 系统支持的最简单的一种卷。它最大的特点是：可以利用同一块磁盘上的未分配空间扩展当前的简单卷。支持容量的动态扩展是卷的特色之一，这对服务器尤为有用。

（2）跨区卷。跨区卷与简单卷最大的不同是：它可以利用其他磁盘的未分配空间来扩展当前卷。当服务器的磁盘空间用尽时，再添加新的硬盘，利用跨区卷技术可以进一步实现存储容量的扩展。

（3）带区卷。带区卷是一种容量不可以扩展的卷，它主要解决磁盘读写速度的问题。带区卷至少由两块磁盘构成。要写入磁盘的数据会被预先分成与硬盘数量相同的块，然后同时并行写入硬盘。两块硬盘组成的带区卷理论上可以将硬盘的读写速度提高一倍。

（4）镜像卷。镜像卷解决的是数据可靠性的问题。镜像卷至少由两块磁盘构成，数据直接并行写入两块硬盘，两块硬盘上的数据完全相同。这样当一块硬盘上的数据发生故障导致数据丢失时，另外一块硬盘的数据仍然存在。从而提高了存储的可靠性。

（5）RAID-9 卷。RAID-9 卷是对带区卷的改进，带区卷提高了硬盘的读写速度，但当构成带区卷的任何一块硬盘发生故障时整个带区卷的数据将丢失。RAID-9 卷在提高速度的同时，也考虑到可靠性问题。当构成 RAID-9 卷的任何一块硬盘发生故障时不会导致整个卷的数据丢失，RAID-9 卷至少需要三块硬盘。

模块二　DNS 服务器安装与配置

一、教学目标

（1）理解 DNS 服务的含义。

（2）掌握 DNS 服务组件的构成。

（3）掌握 Windows Server 2003 中 DNS 服务器的安装、配置和管理过程。

二、工作任务

学会利用 Windows Server 2003 配置 DNS 服务器。

三、相关实践知识

1. 打开 DNS

在确认已经安装好 DNS 服务之后，依次选择"开始"→"程序"→"管理工具"→"DNS"命令。

2. 建立"czmake.cn"主区域名

（1）在本机服务器名上右击选择"新建区域"命令，打开向导窗口后单击"下一步"按钮。

（2）在"区域类型"窗口里选择"标准主要区域"选项；再选择"正向查找区域"复选框，单击"下一步"按钮，显示如图 4-19 所示的区域名称对话框。

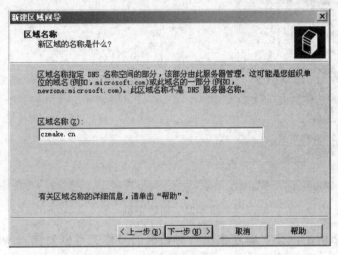

图 4-19　建立正向查找区域

（3）创建区域文件，按其默认文件名 czmake.cn.dns 单击"下一步"按钮。

（4）按屏幕提示操作，最后单击"完成"按钮即可，如图 4-20 所示。

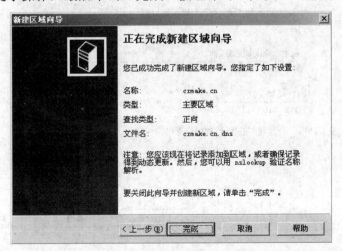

图 4-20　正向查找区域建立成功

3. 新建主机

（1）在控制台窗口左框内右击刚才建立的区域名 czmake.cn，选择"新建主机"命令，如图 4-21 所示。

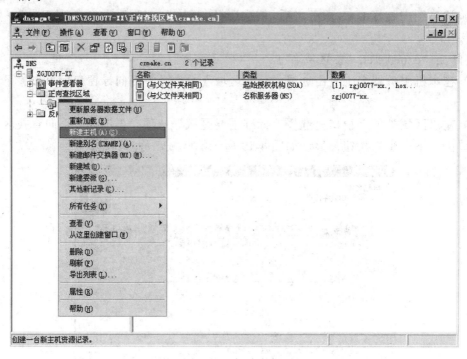

图 4-21　新建主机

（2）如图 4-22 所示，在"新建主机"对话框的名称文本框处输入 www，IP 地址改为本文开头例中的 Web 服务器地址 172.10.113.22，单击"添加主机"按钮返回控制台窗口，即可看到已成功地创建了主机地址记录"www.czmake.cn"。

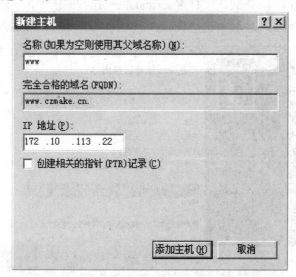

图 4-22　"新建主机"地址记录

（3）按照同样方式为其他主机建立记录，结果如图4-23所示。

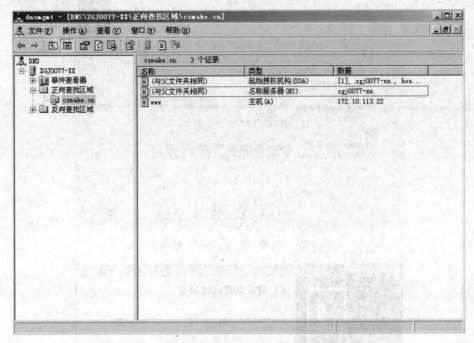

图4-23 创建多台主机地址记录

4. 反向查找的实现

（1）在左侧的控制台窗口中，右击"反向搜索区域"选项，选择"新建区域"命令。

（2）单击"下一步"按钮后，选择建立一个标准主要区域。

（3）接下来出现的对话框应当注意，要求输入的是网络号部分，如图4-24所示。

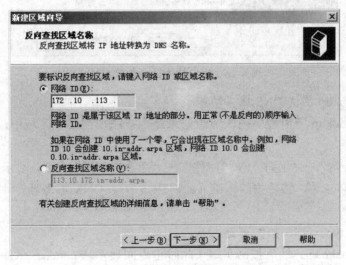

图4-24 建立"反向搜索区域"对话框

（4）创建一个新的区域文件，如图4-25所示。

（5）创建反向搜索区域，单击"完成"按钮，如图4-26所示。

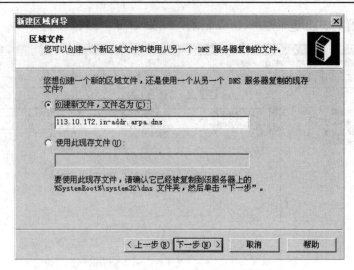

图 4-25   创建"区域文件"对话框

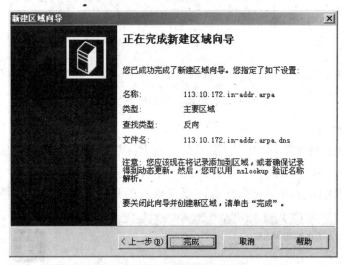

图 4-26   反向搜索区域创建完成

5. 利用 nslookup 测试 DNS 服务功能

可以利用 nslookup 应用程序确认资源记录是否被添加到某个区域中，或者是否已经得到正确更新。

（1）选择"开始"→"程序"→"附件"→"命令提示符"命令，显示命令提示符窗口。

（2）输入 nslookup，然后按回车键（此时应该出现 DNS 服务器：本计算机的名称及 IP 地址）。

（3）输入 set type=NS，按回车键。

（4）输入 czmake.cn，然后按回车键（此时将返回显示域 czmake.cn 中的名称服务器信息）。

（5）输入 settype=SOA，按回车键。

（6）输入 czmake.cn，然后按回车键（此时将返回显示域 czmake.cn 中的 SOA 信息）。

6. 创建标准辅助正向搜索区域

（1）在本机服务器名上右击，选择"新建区域"命令，打开向导窗口后单击"下一步"按钮。

（2）在"区域类型"对话框里选择"标准辅助区域"，单击"下一步"按钮。

（3）创建一个新的标准辅助区域。

（4）指定复制区域的 DNS 服务器，如图 4-27 所示。

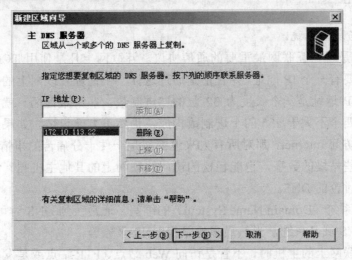

图 4-27 指定复制区域的 DNS 服务器

（5）单击"下一步"按钮直至配置完成。

7. 考察区域传输

主 DNS 服务器存放标准主要区域文件，从 DNS 服务器存放标准辅助区域文件，当在主 DNS 服务器上进行资源记录更新时，更新记录会传输到从 DNS 服务器。

与合作者一起完成下面的操作：

（1）打开 DNS 管理控制台。

（2）打开标准主要区域的属性对话框。

（3）选择"起始授权机构 SOA"选项卡，两次单击"增量"按钮，可以看到序列号会变大，单击"确定"按钮。

（4）关闭标准主要区域属性对话框。

（5）打开标准辅助区域的属性对话框（此标准辅助区域即为针对合作者的标准主要区域）。

（6）选择"起始授权机构 SOA"选项卡，可以看到序列号与合作者的"起始授权机构 SOA"选项卡上的序列号不一致。

（7）关闭标准辅助区域属性对话框。

（8）右击"标准辅助区域"选项，选择"从主服务器传输"命令。

（9）再次打开标准辅助区域属性页。

（10）选择"起始授权机构 SOA"选项卡，可以看到序列号与合作者的"起始授权机构 SOA"选项卡，上的序列号已经一致，表示区域数据已经从主 DNS 服务器传输。

（11）关闭 DNS 管理控制台。

8. 考察区域数据库文件

对于每一个 DNS 区域，都有一个对应的区域数据库文件，可以利用记事本打开这个文件，区域数据库文件的名称默认为区域名加上扩展名".dns"。

四、理论知识

（一）DNS 与域名系统

TCP/IP 协议是现在互联网最重要的通信协议。互联网上凡是使用 TCP/IP 协议进行通信的计算机都需要有一个 IP 地址，并且正是通过这样一个地址互联网上的任意两台计算机之间得以互访。IP 地址是一个长度为 32 位的二进制数，非常难记忆。就算将其转换为十进制数，也是由四个不大于 255 的十进制数构成，仍然不方便记忆。如果必须使用这样一串枯燥的数字来访问 Internet，那对所有人来说都将是一件十分痛苦的事情。那么有什么办法能不用记忆那些枯燥的数字，也能轻松的访问互联网上的其他主机呢？答案是肯定的。这就是接下来要讨论的 DNS。

DNS 是域名系统（Domain Name System）的缩写。通常谈到 DNS 时可能是指 DNS 协议，也可能是 DNS 域名系统，当然最多的是指 DNS 服务器。

现在访问互联网上的主机时，不管是访问 Web 站点、FTP 站点或是发邮件通常都是使用一种称为域名的主机名称。为什么可以用如 www.sohu.com 这样的域名去访问互联网上的那台 Web 服务器呢？当以域名的方式发出请求的时候一定会有一台 DNS 服务器提供域名解析的服务，将域名解析成相对应的 IP 地址。最终还是通过 IP 地址实现了对远方计算机的访问。

多数用户喜欢使用友好的名称（如 host-a.example.microsoft.com）来访问如网络上的邮件服务器或 Web 服务器这样的计算机。友好的名称更容易记住。但是，计算机是使用数字地址在网络上通信的。为了更方便地使用网络资源，DNS 的命名系统提供了一种方法——将用户的计算机或服务名称映射为数字地址。本例中，客户端查询 DNS 服务器，请求配置成使用 host-a.example.microsoft.com 作为其 DNS 域名的计算机的 IP 地址。由于 DNS 服务器能够根据其本地数据库应答查询，因此，服务器将以包含所请求信息的应答回复客户端，即包含 host-a.example.microsoft.com 的 IP 地址信息的主机（A）资源记录。

通过上面的例子可以了解到 DNS 最基本和主要的功能就是将域名解析成 IP 地址。从而使用户可以用一个有便于记忆的有意义的名称来访问互联网上的主机。那么这个便于记忆有意义的主机名称又该如何设计呢？

当访问 Web 站点、FTP 站点或是发邮件时通常都是使用域名。DNS 的域名系统是为使用 TCP/IP 协议的网络提供的一套协议和服务，由分布的名称数据库组成。它建立了叫做域名空间的逻辑树结构，是以提供域名解析服务为主的综合性服务系统。实际上全世界互联网上的主机都是处于统一的 DNS 域名系统之下，总的来说全世界的 DNS 系统的拓扑结构像一个倒挂的树。如图 4-28 所示，DNS 域名系统具有非常分明层次结构，给域名的查询和管理带来极大的方便，这也是 DNS 域名相对于其他名称系统的一个特色。一棵完整的域树通常由以下位置和大小不同的域构成。

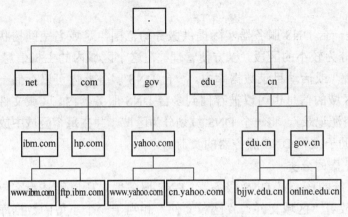

图 4-28　DNS 域名结构图

1. 根域

根域是整个域树的最高级，互联网上的所有主机都在根域之下，根域通常用一个小圆点表示。

2. 顶级域

根域之下又分成若干个顶级域。顶级域有两种划分方式，一种是以行业组织的形式来划分，一种是以国别或地区的方式来划分，如表 4-2 所示。

表 4-2　顶 级 域 的 划 分

按"行业组织"划分		按"国家或地区"划分	
顶 级 域	含 义	顶 级 域	含 义
COM	商业组织	CN	中国
NET	网络服务机构	HK	中国香港地区
GOV	政府机构	UK	英国
ORG	非营利组织	JP	日本

3. 二级子域

二级子域位于顶级域之下，通常用来表示某一具体的公司或企业，如 sohu.com 或 czmake.cn 分别代表具体的企业。合法的二级子域名需要到特定的域名管理机构申请。

4. 子域

子域是企业根据自己的需要对二级子域的进一步的划分，通常对应企业的部门，如 mail.sohu.com 就是 sohu 网负责处理邮件的子域。当然规模较小的企业也可能没有划分子域。

5. 主机

主机是域名树的叶子节点，表示该域中的一台主机。如通常网站的 Web 服务器都叫 WWW 主机，其中 WWW 就是那台主机的主机名。DNS 系统中一台标准的主机名称称为

FQDN（Fully Qualified Domain Name），由主机名加上其所在的域名构成，如 www.sohu.com。

（二）DNS 服务器的工作方式

1. 区域

"区域"就是一台 DNS 服务器实际提供服务的范围，是域名空间树状结构的一部分，它能将域名空间分为较小的区段，以方便管理。在这个区域内的主机信息，存放 DNS 服务器内的"区域文件"或活动目录数据库中。一台 DNS 服务器内可以存储一个或多个区域的信息，同时一个区域的信息也可以被存储到多台 DNS 服务器内。区域文件内的每一项信息被称为是一项"资源记录"。将一个 DNS 域划分为区域，并在每个区域中放置至少一台 DNS 服务器，这样有助于减轻 DNS 服务器的负荷。

2. DNS 服务器的分类

整个 DNS 系统的核心是 DNS 服务器。DNS 服务器之所以能够为客户提供域名解析服务是因为其上存放着"区域文件"。"区域文件"相当于一个小型的数据库，它记录着区域内的计算机的域名与 IP 地址的对应关系。根据区域文件的来源或提供服务的方式不同，DNS 服务器可以分为以下四类。

（1）主服务器。当在一台 DNS 服务器上建立一个区域后，这个区域内的所有记录都建立在这台 DNS 服务器的区域文件内。用户可以新建、编辑或删除这个区域内的任何记录。也就是说这台 DNS 服务器存放着区域文件的正本信息。

（2）辅助服务器。辅助服务器内也存放有区域文件，这个区域文件是区域文件的副本，它是从别的服务器上复制而来。辅助服务器同样可以为客户提供名称解析服务，但区域文件内的记录不能被编辑或删除。

（3）Master 服务器。Master 服务器不是一种新的服务器，它是指为辅助服务器提供区域复制的服务器。这台服务器可能是主服务器或辅助服务器。将区域内的资源记录从"Master 服务器"复制到"辅助服务器"的过程称为"区域复制"。

用户可以在一个名称解析请求频繁的区域内添加多台辅助服务器。这样做可以为用户带来以下一些好处：提供容错能力，当一台服务器出现故障，仍有别的服务器继续提供服务；分担主服务器的负担；实现名称快速的解析。

（4）Caching-Only 服务器。Caching-Only 服务器是一台并不负责任何区域的 DNS 服务器，也就是说这台服务器内没有新建任何区域，当然没有区域文件，但是它仍然可以为客户端提供域名解析服务。

当有客户端提供域名解析的请求时，它会代理客户端向别的 DNS 服务器寻求解析，将解析结果反馈给客户端的同时也记入自己的缓存。以后再有同样的解析请求时，Caching-Only 服务器直接从缓存中提取结果反馈给客户端。使用 Caching-Only 服务器可以提高域名解析的速度。

3. 名称解析方式

当 DNS 客户端需要查询程序中使用的名称时，它会查询 DNS 服务器来解析该名称。

DNS 查询以各种不同的方式进行解析：有时，客户端可使用从先前的查询获得的缓存信息就地应答查询；DNS 服务器可使用其自身的资源记录信息缓存来应答查询；DNS 服务器也可代表请求客户端查询或联系其他 DNS 服务器，以便完全解析该名称，并随后将应答返回至客户端。这个过程称为递归查询。

另外，客户端自己也可尝试联系其他的 DNS 服务器来解析名称。当客户端这么做的时候，它会根据来自服务器的参考答案，使用其他的独立查询。该过程称作迭代查询。

总之，DNS 查询过程按两部分进行：名称查询从客户端计算机开始，并传送至解析程序即 DNS 客户服务程序进行解析。不能就地解析查询时，可根据需要查询 DNS 服务器来解析名称。

当 DNS 服务器接收到查询时，首先检查它能否根据在服务器的本地配置区域中获取的资源记录信息做出权威性的应答。如果查询的名称与本地区域信息中的相应资源记录匹配，则使用该信息来解析查询的名称，服务器做出权威性的应答。

如果区域信息中没有查询的名称，则服务器检查它能否通过来自先前查询的本地缓存信息来解析该名称。如果从中发现匹配的信息，则服务器使用该信息应答查询。接着，如果首选服务器可使用来自其缓存的肯定匹配响应来应答发出请求的客户端，则此次查询完成。

如果无论从缓存还是从区域信息，查询的名称在首选服务器中都未发现匹配的应答，那么查询过程可继续进行，使用递归来完全解析名称。这涉及来自其他 DNS 服务器的支持，以便帮助解析名称。在默认情况下，DNS 客户端服务要求服务器，在返回应答前使用递归过程来代表客户端完全解析名称。在大多数情况下，DNS 服务器被默认配置为支持递归过程。在实际工作中，我们还要正确安装和配置 DNS 服务器。

五、思考的问题

（1）正向搜索区域与反向搜索区域的主要功能有哪些？

（2）怎样才能让一台 Window 2000 Professional 的客户机成为一台 DNS 客户机？

（3）资源记录常见的有哪些类型？"主机"、"指针"、"别名"这些类型的记录有哪些作用？

（4）如果在 IE 的地址栏中输入 www.mircrosoft.com，是怎样得到它的 IP 地址并最终与它建立连接的？

（5）DNS 数据库文件中的符号 A、CNAME、PTR、NS、SOA 的含义分别是什么？

模块三　DHCP 服务器安装与配置

一、教学目标

（1）理解 DHCP 服务器的功能及其工作过程。

（2）掌握 Windows Server 2003 系统中 DHCP 服务器的安装、配置和管理方式。

（3）掌握 DHCP 服务的测试。

二、工作任务

利用 Windows Server 2003 配置 DHCP 服务器。

三、相关实践知识

（一）在服务器上安装 DHCP 服务组件

在控制面板窗口中双击"添加/删除程序"命令，然后单击"添加/删除 Windows 组件"按钮，打开"Windows 组件向导"对话框。在滚动列表中选择"网络服务"复选框，如图 4-29 所示，单击"详细信息"按钮，在"网络服务"对话框中，选择"动态主机配置协议（DHCP）"复选框，如图 4-30 所示，单击"确定"按钮，按照提示插入 Windows Server 2003 安装光盘，完成 DHCP 服务组件的安装。

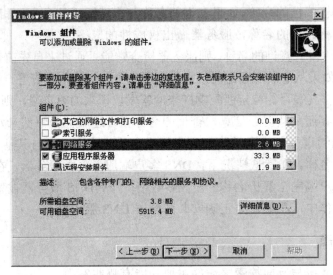

图 4-29 "Windows 组件向导"对话框

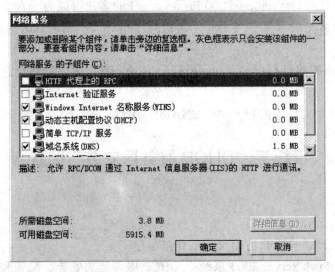

图 4-30 安装 DHCP 服务组件

（二）配置 DHCP 服务

（1）从开始菜单依次选择"程序"→"管理工具"→"DHCP"命令，打开 DHCP 控制台窗口。

注意：如果是在域中启动，必须先经过活动目录授权。在控制台窗口中选择"操作"菜单，选择"管理授权的服务器"命令，在出现的对话框中选择"授权"命令。

（2）在控制台窗口中右击服务器名称，在出现的下拉菜单中选择"新建作用域"命令，出现建立作用域的向导对话框。

（3）按照提示对作用域命名和给出描述信息（描述信息不是必需的）。

（4）确定作用域分配的地址范围，如图 4-31 所示。

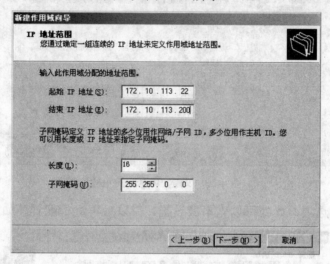

图 4-31　确定作用域分配的地址范围

（5）确定排除的地址范围，这些被排除的地址将不会被分配给客户机使用。可以选择排除多个地址，如果只需要排除一个地址，则在"起始 IP 地址"文本框处输入即可。被排除的地址一般是分配给网络中某些特定的服务器使用的，如图 4-32 所示。排除的地址范围输入完毕后，单击"添加"按钮。

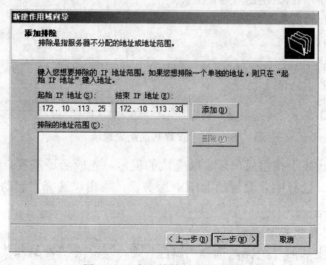

图 4-32　确定排除的地址范围

（6）确定 IP 地址的租约，默认情况下为 8 天，可以根据实际情况进行更改，如图 4-33 所示。

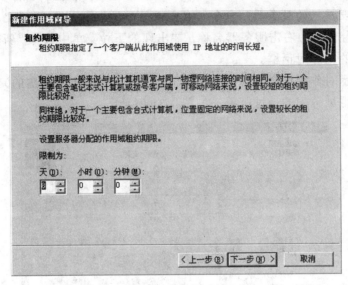

图 4-33　确定 IP 地址的租约

（7）其他配置选项，此处可以先不做设置，待以后再进行配置，如图 4-34 所示。

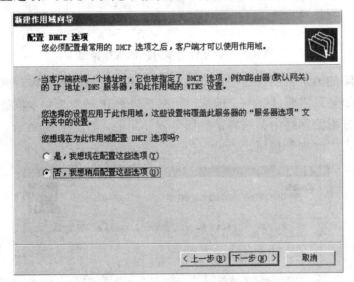

图 4-34　设置其他配置选项

（8）单击"下一步"按钮后出现安装完成的提示，完成后还需要启动 DHCP 服务器才能为网络提供服务。选择刚才设置的 DHCP 服务器，右击，选择"启动"命令，如图 4-35 所示。

（三）配置客户机使之自动获取 IP 地址

（1）右击"网上邻居"图标，选择"属性"命令，打开"网络和拨号连接"窗口，如图 4-36 所示。

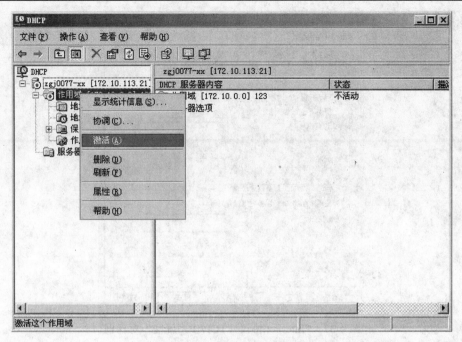

图 4-35　启动 PHCP 服务器

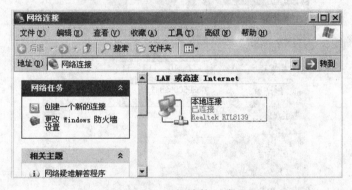

图 4-36　"网络连接"窗口

（2）打开"本地连接 属性"对话框，单击"Internet 协议（TCP/IP）"命令，单击"属性"按钮。在对话框中选择"自动获取 IP 地址"单选按钮，如图 4-37 所示。

（3）打开命令行窗口，输入 ipconfig/release 并按回车键（释放本地连接当前的 IP 地址），再输入 ipconfig/renew 并按回车键（向 DHCP 服务器请求一个 IP 地址）。

（四）创建和测试客户机保留地址

对于某些需要利用客户机的 IP 地址进行身份鉴别的应用程序，可以利用客户机保留地址，使得当某个客户机从 DHCP 服务器请求地址时，都接受相同的 IP 地址。

（1）在 DHCP 管理控制台中，打开创建的作用域。

（2）右击作用域下的"保留"命令，如图 4-38 所示，选择"新建保留"命令。

（3）在"新建保留"对话框中，在"保留名称"文本框中输入提示信息如"keep"。

（4）在"IP 地址"文本框中，输入欲保留的 IP 地址。

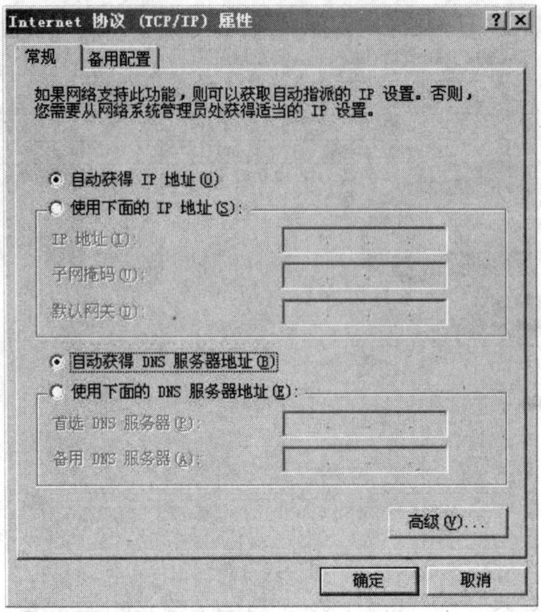

图 4-37 "Internet 协议（TCP/IP）属性"对话框

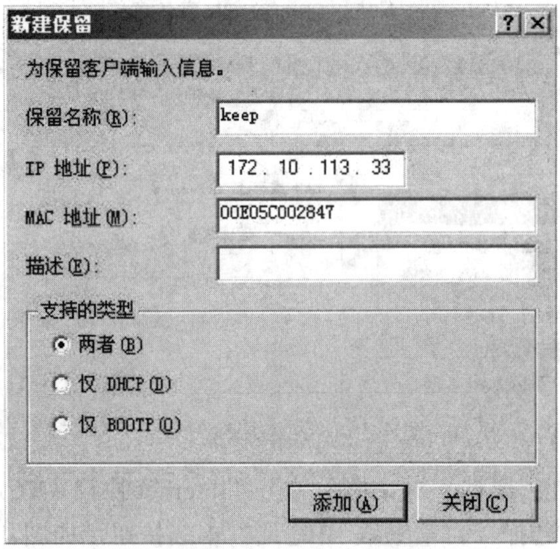

图 4-38 创建客户机的保留地址

（5）在"MAC 地址"文本框中输入网卡的物理地址，其中不含短线字符。

（6）单击"添加"按钮，然后单击"关闭"按钮。

（五）删除 DHCP 服务

（1）进入控制面板。

（2）双击"添加删除程序"图标，然后单击"添加删除 Windows 组件"命令，打开"Windows 组件向导"对话框，在出现的列表框中选择"网络服务"选择，单击"详细信息"按钮。

（3）在"网络服务"对话框中，确认"动态主机配置协议（DHCP）"复选框被清除。

（4）单击"确定"按钮，在"Windows 组件"对话框中单击"下一步"按钮。

（5）当完成配置过程后，单击"完成"按钮，关闭所有窗口，退出登录。

删除服务的过程和安装时有些类似，只不过这里是把相关服务程序前的复选框清除。

四、理论知识

（一）IP 地址的两种获取方式

我们知道只要是使用 TCP/IP 协议的计算机就需要一个 IP 地址。那么如何获得一个 IP 地址呢？总的说来有两种方式，一种是手工指定一个合适的 IP 地址，另一种就是求助于 DHCP 服务器来分配一个 IP 地址。

当网络上的机器数量较少时手工分配 IP 地址是一种可行的 IP 地址分配方式，但在机器数量较多的网络上则很容易产生冲突，管理的难度较大。通过一台 DHCP 服务器来向客户机分配 IP 地址是一种非常便捷和高效的方式，尤其是在大型的网络中这种地址分配方式有着手工指定地址无法比拟的优越性。

（二）DHCP 的工作原理

TCP/IP 网络上的每台计算机都必须有唯一的 IP 地址。IP 地址（以及与之相关的子网掩码）标识主机及其连接的子网，在将计算机移动到不同的子网时，必须更改 IP 地址。DHCP 允许通过本地网络上的 DHCP 服务器 IP 地址数据库为客户端动态指派 IP 地址。

对于基于 TCP/IP 的网络，DHCP 降低了重新配置计算机的难度，减少了涉及管理的工作量。DHCP 使用客户端/服务器模型。网络管理员建立一个或多个维护 TCP/IP 配置信息并将其提供给客户端的 DHCP 服务器。服务器数据库包含以下信息：

（1）网络上所有客户端的有效配置参数。

（2）在指派到客户端的地址池中维护有效的 IP 地址，以及用于手动指派的保留地址。

（3）服务器提供的租约时间。租约定义了指定的 IP 地址可以使用的时间长度。

在一个 DHCP 服务器存在的网络上，当一台 DHCP 客户机启动时，服务器和客户机会传递以下四个数据包并最终获得一个由服务器分配的 IP 地址。

1. DHCP 发现

DHCP 客户机首先会以广播的方式发出 DHCP 发现数据包，以寻找网络上可以提供 IP 地址的 DHCP 服务器。

2. DHCP 提供

当 DHCP 服务器收到客户机发出 DHCP 发现数据包时会从自己的地址池中选择一个尚未分配的地址，仍以广播的形式发出 DHCP 提供数据包，表示愿意提供一个 IP 地址给客户机。这个地址会暂时被服务器保留起来，以免再次提供给别人。之所以还是采用广播的形式发送，是因为客户机此时还没有获得一个 IP 地址。

这时如果网络中有多台 DHCP 服务器，它们都会发出 DHCP 提供的广播数据包。

3. DHCP 请求

收到 DHCP 服务器回复的 DHCP 提供数据包之后，客户机会选择最先送达数据包的那台服务器。这时再次以广播的形式发出 DHCP 请求数据包，告诉被它选中的那台 DHCP 服务器：自己愿意使用对方提供的 IP 地址；同时告诉其余的 DHCP 服务器它们提供的 IP 地址没有被选中，不用继续保留，可以分配给别人使用。

4．DHCP 应答

当 DHCP 服务器收到客户机发出 DHCP 请求数据包后，会再次以广播形式回送 DHCP 应答数据包，确认地址的分配。至此，IP 地址的申请过程结束，一个租期开始。

DHCP 服务器只能安装到 Windows 2000 Server、Windows Server 2003 等服务器中，Windows 2000 Professional 等无法扮演 DHCP 服务器的角色。DHCP 服务器本身的 IP 地址必须是固定式的，其 IP 地址、子网掩码、默认网关等数据必须用手动的方式输入。

在一台 DHCP 服务器内，只能针对一个子网设置一个 IP 作用域。如不可以在设置一个 IP 作用域为 192.168.0.2～192.168.0.50 后，又同时设置另一个 IP 作用域为 192.168.0.61～192.168.0.200。解决方法是先设置一个连续的 IP 作用域：192.168.0.2～192.168.0.200，然后将中间的 192.168.0.91～192.168.0.60 删除掉。

可以在一台 DHCP 服务器内建立多个 IP 作用域，以便为多个子网区域内的 DHCP 客户端提供服务。

五、思考的问题

（1）在创建 DHCP 作用的过程中需要输入哪些必要信息？

（2）当客户机无法从 DHCP 服务器获得 IP 地址时，将进行什么处理？最后得到什么样的 IP 地址？

（3）在实训中没有讲述的服务器选项该如何配置？

（4）跨网段实现 DHCP，应该注意哪些问题？

模块四　网络 Web 服务器的构架

一、教学目标

（1）掌握利用 Windows Server 2003 建立、配置、管理 Web 服务器。

（2）了解 Web 服务器设置中的主要参数及其作用。

（3）掌握使用浏览器访问 Web 服务器的资源。

二、工作任务

（1）安装、配置和管理 Windows Server 2003 Web 服务器。

（2）使用浏览器浏览 Web 服务器。

三、相关实践知识

（一）安装 IIS 服务组件

默认安装的 Windows Server 2003 没有配置 IIS 服务，需要手工安装。

（1）在服务器上以管理员身份登录系统，打开控制面板，双击"添加/删除程序"命令。

（2）单击"添加/删除 Windows 组件"按钮，打开"Windows 组件向导"窗口，选择"应用程序服务器"→"Intemet 信息服务（IIS）"复选框，单击"确定"按钮，如图 4-39 所示。

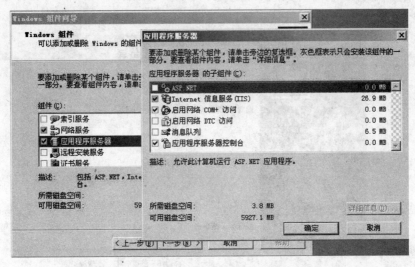

图 4-39 安装 IIS 服务组件

（3）安装向导提示需要插入 Windows Server 2003 安装光盘，这时插入安装盘按照提示进行安装，安装过程继续进行，随后即可添加完成 IIS 服务。

（二）创建 Web 站点

首先创建一个 Web 文件，取名为 1.html，存放于 D:\WebSite 目录下，作为站点的首页。

（1）在"开始"菜单中选择"管理工具"选项，选择"Internet 信息服务（IIS）管理器"命令，如图 4-40 所示。

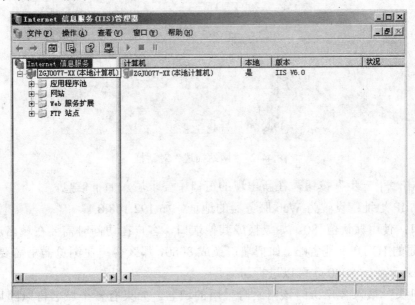

图 4-40 IIS 管理器窗口

（2）右击窗口中的"网站"选项，在下拉菜单中选择"新建"→"网站"命令，出现如图 4-41 所示的对话框。

（3）单击"下一步"按钮，输入站点的描述信息，如输入"这是一个测试的 Web 服务器"，如图 4-42 所示。

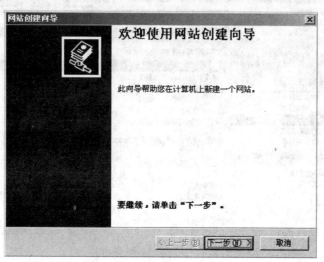

图 4-41　新建 Web 站点

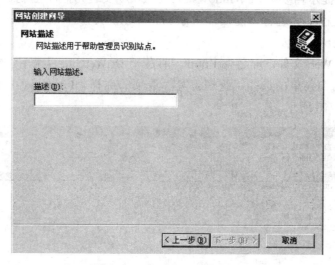

图 4-42　"网站描述"对话框

（4）单击"下一步"按钮，在新出现的窗口中要求填入如下信息。

1）网站 IP 地址：设置为 Web 服务器的地址，如 192.168.0.1。

2）端口：使用默认值 80。如果换成其他端口，客户在访问时需要在域名后加上端口号，同时前面的 HTTP 不能省略。如把端口换成 8080，那么客户在浏览器里需要输入网址：http://www.czmake.cn:8080 才可以进行访问。

3）主机头：填入客户访问该网站时采用的域名。如果有多个域名可以随后在站点属性里面进行修改，如图 4-43 所示。确定输入正确后，单击"下一步"按钮。

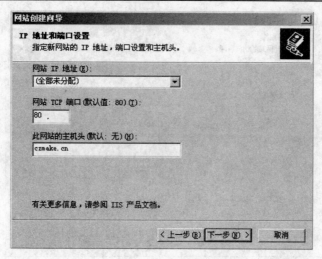

图 4-43　"IP 地址和端口等相关属性"

（5）选择网站文件存放的路径，如 D:\Web，单击"下一步"按钮，如图 4-44 所示。

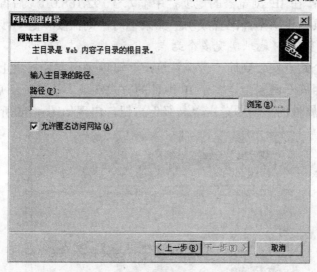

图 4-44　指定网站文件的存放路径

（6）设置客户访问网站时的权限，单击"下一步"按钮，整个 Web 站点的基本设置完成，如图 4-45 所示。

（7）Web 服务器的基本设置完成后，可以更改客户访问时的首页。在建立的站点名称上右击，选择"属性"命令，打开 Web 站点的属性设置窗口。

（8）选择"文档"选项卡，再单击"添加"按钮，根据提示在"默认文档名"文本框输入选择的首页文件名，如"index.htm"。

（9）添加虚拟目录：在刚才建立的 Web 站点上右击，选择"新建"子菜单中的"虚拟目录"命令，依次在"别名"文本框处输入"alias"，在"目录"文本框处输入"D:\WebSite"后再按提示操作即可添加成功。此时如果在地址栏文本框中输入"192.168.0.1/test"，就可以调出"D：\WebSite"中的网页文件 1.html，这里面的"alias"就是虚拟目录。

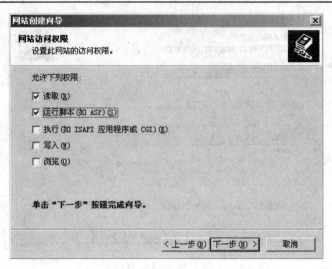

图 4-45   设置客户访问网站的权限

（10）站点测试：在 IE 浏览器的地址栏中输入"192.168.0.1"后再按回车键，如果能看到刚才设置的首页，说明站点配置成功；如果不对，则需要作进一步的检查。

（三）利用绑定多个 IP 地址实现多个站点

如果需要将多个站点安装到同一台计算机上，可以采用在计算机上安装多块网卡的方式实现，也可以利用同一网卡指定多个 IP 地址的方式实现。这里介绍后一种方式。

（1）在 TCP/IP 属性的窗口中单击"高级"按钮，出现如图 4-46 所示的对话框。

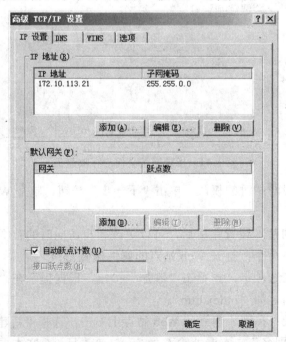

图 4-46   "高级 TCP/IP 设置"对话框

（2）单击"添加"按钮，设置新的 IP 地址和子网掩码，如图 4-47 所示。

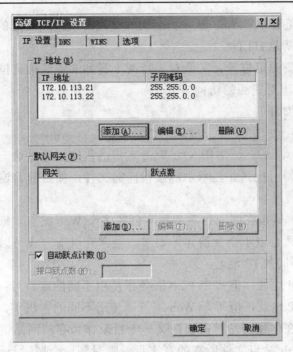

图 4-47 设置的 IP 地址和子网掩码

此时所有被绑定到这块网卡上的 IP 地址都是有效的，并且同时绑定的 IP 地址数目不受限制。

（3）按照前述过程类似地创建其他 Web 站点，并将刚才设置的 IP 地址分配给新站点使用。

（四）利用多个端口实现多个 Web 站点

（1）右击要修改端口的站点名称（此处以第一个站点为例），打开"属性"对话框。

（2）IP 地址选择 192.168.0.3，并修改端口号码，如改为 8080。

（3）在 IE 浏览器的地址栏中输入 http://192.168.0.3:8080，按回车键观察结果。

四、理论知识

（1）超文本：一个超文本由多个信息源连接而成。利用一个链接可以找到另一个文档，而这又可链接到其他的文档（依次类推）。这些文档可位于因特网上任何一个超文本系统。超文本是 WWW 的基础。

（2）HTML：超文本标记语言。它是制作 WWW 页面的标准语言，主要用于在文档上做各种标准记号，处理后的文档在任何一台计算机上都能显示。HTML 文档可以用记事本或任何编辑器建立，以".htm"或".html"为扩展名。

（3）HTTP：超文本传输协议。它是 WWW 网络能可靠交换文件的重要基础。网络中的 Web 服务器以客户机/服务器方式工作，通过服务器进程监听 TCP 的端口 80。客户机通过浏览器向服务器发出浏览某个页面的请求，Web 服务器监听到客户机（浏览器）发出的连接请求后，将建立 TCP 连接，并返回客户机所请求的页面作为响应。最后 TCP 连接被释放。在客户机（浏览器）和 Web 服务器之间的交互必须按照规定的格式，遵循一定的规则，这些格式和规则就是 HTTP。

（4）URL：统一资源定位符。它能对因特网上得到的资源确定位置和访问方式，通过 URL 定位资源，并指出对资源的访问方式。

URL 的常用形式如下：

<URL 访问形式>：//<主机>：<端口>/<路径>

（5）浏览器（Browers）：通常指一个 Web 客户端程序，通过这一程序能够解释并显示超文本文件，它知道如何找到并显示由链接指向的文件，如目前普遍采用的由微软开发的 Internet Explorer。

（6）虚拟服务器：是指在同一台服务器上创建多个 Web 站点，每一个虚拟站点都有独立的域名。这种方式适合中小企业的建站要求。通常有以下方式可以实现。

1）服务器使用不同的 IP 地址；

2）使用相同的 IP 地址，但每个 Web 服务器使用不同的端口号；

3）使用相同的 IP 地址，但每个 Web 服务器使用不同的主机头。

（7）虚拟目录：在创建网站时需要定义一个目录作为存放网站信息文件的主要场所。虚拟目录是把一个 Web 站点文件所在的真实目录映射到一个逻辑目录（虚拟目录），外部浏览者看到的是这个虚拟目录，而实际上文档的位置往往是在本地其他的分区上或者在网络中的其他服务器上。利用虚拟目录技术使分散的信息直接体现在网站上，从而实现信息的实时更新。

（8）端口号：TCP 端口号是浏览器与 Web 服务器之间的信息通道。每种网络服务都需要在服务器端指定一个 TCP 端口号，客户机只有指定了同一端口号之后才能与服务器建立通信联系。WWW 服务的默认端口号为 80。

五、思考的问题

（1）如何设置 Web 站点的安全性策略？

（2）设置好 Web 站点后，客户在访问过程中出现密码提示，是什么原因？

模块五　网络 FTP 服务器的构架

一、教学目标

（1）掌握利用 Windows 2003 建立 FTP 服务器的方法。

（2）掌握 FTP 服务器的配置和管理。

（3）掌握访问 FTP 服务器的方式。

二、工作任务

（1）安装、配置及管理 Windows 2003 服务器的 FTP 服务。

（2）掌握访问 FTP 服务器的基本方式。

三、相关实践知识

（一）在服务器上安装 FTP 信息服务组件，以管理员身份登录

（1）在"控制面板"窗口，双击"添加/删除程序"图标。单击"添加/删除组件"按钮，打开"Windows 组件向导"对话框，在组件向导中，选择"Internet 信息服务（IIS）"复选框。

（2）单击"详细信息"按钮，在"Internet 信息服务（IIS）的子组件"对话框中，确认"文件传输协议（FTP）服务器"复选框已经被选中，如图 4-48 所示。

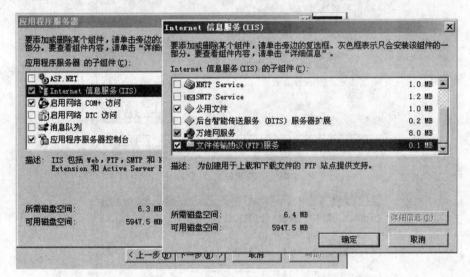

图 4-48 安装 FTP 服务器

（3）单击"确定"按钮，按照提示插入 Windows 2003 安装光盘，完成 FTP 服务组件的安装。

（二）启动默认的 FTP 服务器

（1）从程序菜单中依次选择"管理工具"→"Internet 信息服务（IIS）管理器"命令，在控制台下右击"默认 FTP 站点"选项，选择"启动"命令。

（2）在控制台中右击"默认 FTP 站点"选项，选择"属性"命令，进入默认 FTP 站点属性对话框，查看网络客户连接本 FTP 服务器所需要使用的 IP 地址和 TCP 端口。

在"默认 FTP 站点"属性对话框中进行如下操作：

1）选择"FTP 站点"选项卡，如图 4-49 所示。

在"IP 地址"下拉列表中显示了默认 FTP 站点所使用的 IP 地址，默认为本机所具有的所有 IP 地址。

"TCP 端口号"文本框显示了默认 FTP 站点的服务 TCP 端口号，默认为 21。

默认情况下"限制到"单选按钮已经被选择，即本服务器所允许的客户连接数，指定为 100000 个，如果客户连续空闲时间超过 15min，服务器会自动断开该客户的连接。

2）选择"安全账号"选项卡，如图 4-50 所示，默认情况为"允许匿名连接"复选框被选择（表示用户可以以它所具有的合法账户登录到本 FTP 服务器，如果用户没有合法账户，则可以以匿名账户 Anonymous 匿名进行登录）。

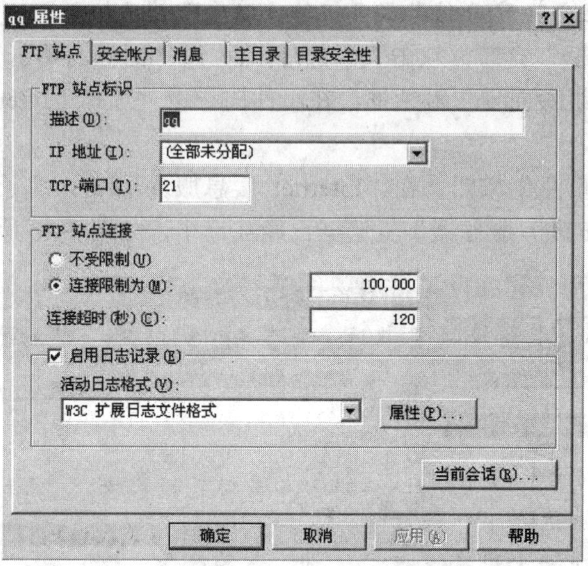

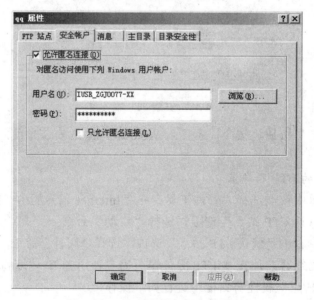

图 4-49 "FTP 站点"选项卡

图 4-50 "FTP 安全账号"选项卡

3）选择"消息"选项卡，如图 4-51 所示，显示用户登录和退出 FTP 服务器时看到的消息。

4）选择"主目录"选项卡，如图 4-52 所示，默认情况为"此计算机上的目录"单选按钮已经被选择，"本地路径"文本框为"系统盘：\Inetpub\ftproot"，允许选择"读取"和"日志"复选框。

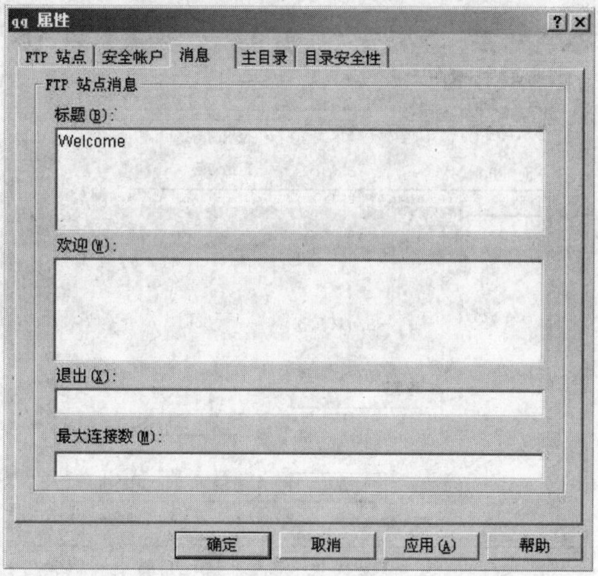

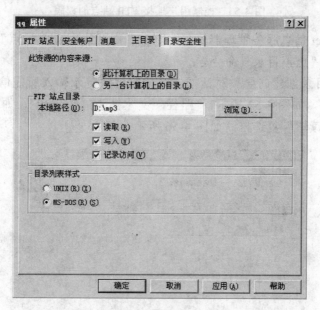

图 4-51　设置用户登录和退出 FTP 服务器时所见的消息

图 4-52　设置 FTP 站点"主目录"信息

5）选择"目录安全性"选项卡，如图 4-53 所示，可以控制允许哪些客户（使用 IP 地址识别）连接或者拒绝哪些客户（使用 IP 地址识别）连接，通过"添加"、"删除"和"编辑"按钮对列表进行维护管理。

（三）配置默认 FTP 站点

（1）在某个分区下，如 D 分区，建立文件夹 FTP。

（2）在 FTP 文件夹下新建文本文档，任意写入一些内容。

（3）建立虚拟目录。

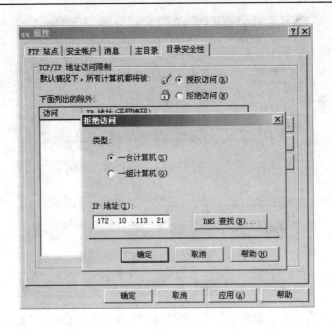

图 4-53 控制用户连接 FTP 站点的权限

1）打开 Internet 信息服务管理器，在控制台右击"默认 FTP 站点"选项，在弹出菜单中选择"新建"→"虚拟目录"命令。

2）在"虚拟目录创建向导"对话框中，按照屏幕提示输入所需信息，其中"别名"文本框输入"FTP"，如图 4-54 所示，"路径"文本框为"D:\mp3"，如图 4-55 所示，允许下列权限，选择"读取"复选框，如图 4-56 所示。

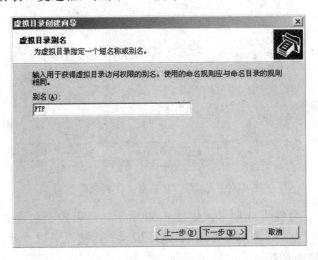

图 4-54 创建虚拟目录别名

3）查看"虚拟目录配置"。在管理树中展开"默认 FTP 站点"，右击新节点"FTP"，选择"属性"命令，打开进入属性对话框。可以查看该虚拟目录的属性内容，包括别名、对应路径，如图 4-57 所示。

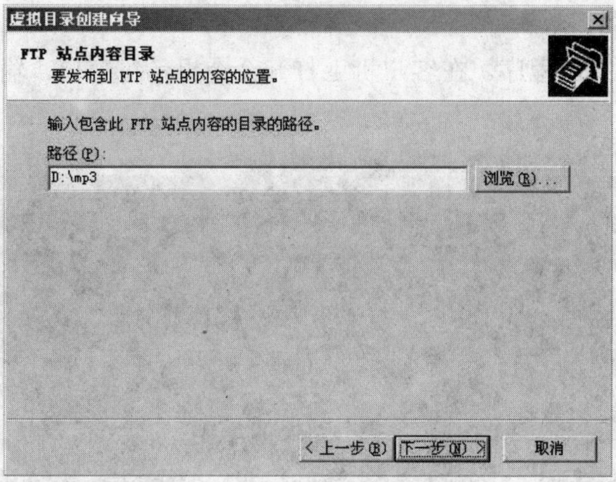

图 4-55　指定虚拟目录的路径

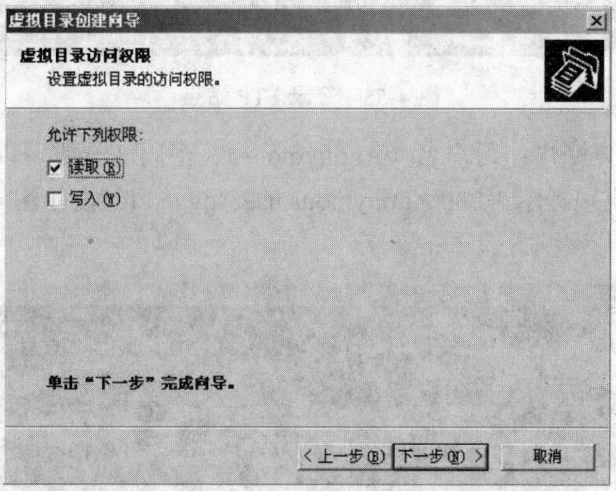

图 4-56　指定虚拟目录的访问权限

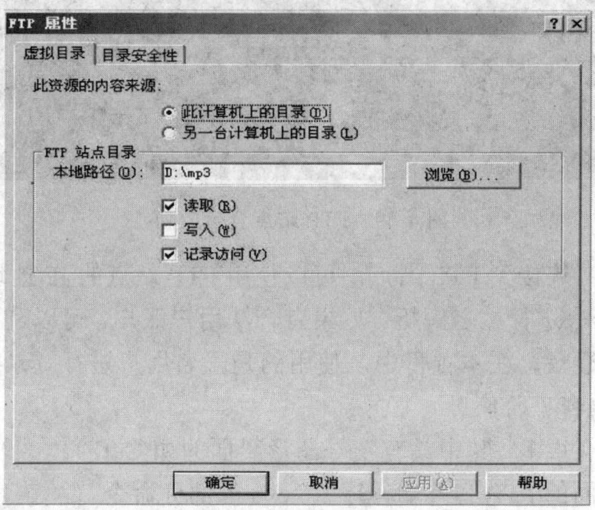

图 4-57　查看虚拟目录的配置情况

（四）访问默认 FTP 站点

（1）启动 FTP 客户端程序。在客户机上打开命令提示符窗口，输入 ftp 172.10.113.21，如图 4-58 所示。

图 4-58　登录 FTP 站点

（2）输入匿名用户账户：用户名（Anonymous）、密码（一般可以输入 E-mail 地址或 guest），完成后，会出现提示"230 Anonymous user logged in"，如图 4-59 所示，表示一个匿名用户成功登录。

图 4-59　FTP 站点登录成功

需强调指出的是：连接到 FTP 站点，可以使用 FTP 站点的 IP 地址，也可以使用 DNS 域名，由 DNS 服务器来进行域名解析。如果有合法用户账户，可以利用合法用户账户进行登录而不用匿名用户登录。在本项目中，使用的是匿名用户进行登录。

（五）FTP 客户端程序的使用

FTP 客户端程序有很多，其中具有友好图形界面的如 CutFTP。下面主要介绍 Windows 系列平台下的字符界面的 FTP 客户端程序 ftp.exe 的部分命令。

（1）帮助命令 help：help ls（可以显示命令 ls 的用法供查看）

（2）文件列表显示命令：

Ls（以 UNIX 风格显示目录文件列表）

Dir（以 DOS 风格显示目录文件列表）

（3）目录操作命令：

pwd（显示当前操作目录）

cd（切换当前操作目录）

（4）本地 DOS 命令：

!（执行 command.com 程序，打开 DOS 命令行窗口）

lcd（实现本地磁盘目录切换）

（5）从服务器下载文件命令：get、recv。

（6）从本地上载单个文件命令：put、send。

（7）更改登录用户命令：user（然后输入要登录的用户账户、密码，即可更改登录用户的身份，如 Administrator 身份登录）。

（8）关闭 FTP 连接：close 或 disconnect。

（9）关闭 FTP 程序：bye 或 quit。

四、理论知识

（1）FTP（File Transfer Protocol）：文件传输协议，是为主机之间传送文件而制定的文件传输标准。它规定了文件传送的方式，并且规定了对文件的操作权限，主要适合于异形网络之间传输文件。

（2）FTP 客户端和服务器：FTP 是一个客户/服务器系统。用户通过客户机程序连接至在远程计算机上运行的服务器程序。如果有文件需要传输，客户机就向服务器发出连接请求，通过控制连接发送给控制进程。控制进程在接收到 FTP 客户机发送过来的请求后，创建数据传送过程，完成文件的传输。用户可以使用多种客户端软件连接到 FTP 服务器，如 Windows 自带的 FTP 命令，还有 CuteFTP、Ws-FTP 等应用软件。

（3）主目录：服务器上的一个实际目录。当用户在 FTP 站点内浏览时，把没有指定具体目录的客户认为是读取主目录信息。目录列表显示式样有 UNIX 式样、MS-DOS 式样。其中 UNIX 式样显示更为详细的内容。

（4）虚拟目录：如果站点包含的文件位于与主目录不同的磁盘路径上，或者在其他计算机上，就必须在虚拟目录设置过程中将这些文件包含在 FTP 站点中。要使用其他计算机上的目录，必须指定该目录的通用命名约定（UNC）名称，虚拟目录也可以在主目录所在的同一台服务器上。

（5）单 FFP 服务器多 FTP 站点：需要给每个 FTP 站点分配一个 IP 地址。最好是限制同时访问这个站点的用户连接个数。如果对连接个数不做限制，可能导致访问量过大，性能下降。

（6）匿名用户：IIS 5.0 的 FTP 服务器可以提供匿名服务，账户名为 Anonymous，密码可以采用 guest 或者电子邮件的地址。用户可以利用这个账户访问 FTP 服务器，得到有限的服务。当然，为安全起见，可以禁用这个账户。

五、思考的问题

建立虚拟目录的过程及其作用是什么？

模块六　邮件服务器的构架

一、教学目标

（1）学会使用 Windows Server 2003 建立 SMTP 服务器。
（2）学会创建虚拟 SMTP 站点和 SMTP 作用域。
（3）学会对 SMTP 服务器进行安全性控制。

二、工作任务

（1）建立虚拟 SMTP 站点。
（2）建立 SMTP 作用域。
（3）利用身份验证和 IP 地址对 SMTP 进行安全保护。

三、相关实践知识

（一）添加 POP3 和 SMTP 服务组件

Windows Server 2003 默认情况下没有安装 POP3 和 SMTP 服务组件，需要手工添加。

1. 安装 POP3 服务组件

以系统管理员身份登录 Windows Server 2003 系统。依次选择"控制面板"→"添加或删除程序"→"添加删除 Windows 组件"命令，在弹出的"Windows 组件向导"对话框中选择"电子邮件服务"选项，单击"详细信息"按钮，可以看到该选项包括两部分内容：POP3 服务和 POP3 服务 Web 管理。为方便用户远程 Web 方式管理邮件服务器，建议选择"POP3 服务 Web 管理"选项。

2. 安装 SMTP 服务组件

如图 4-60 所示，选择"应用程序服务器"复选框，单击"详细信息"按钮，接着在"Internet 信息服务（IIS）"选项中查看详细信息，选择"SMTP Service"选项，最后单击"确定"按钮。完成以上设置后返回到安装窗口单击"下一步"按钮，系统将开始安装配置 POP3 和 SMTP 服务，在安装过程中会提示要求用户提供 Windows Server 2003 的安装文件。

（二）配置 POP3 服务器

1. 创建邮件域

单击"开始"→"管理工具"→"POP3 服务"命令，弹出 POP3 服务控制台窗口。右击作为 POP3 服务器使用的计算机，打开"新建"→"域"对话框，如图 4-61 所示，在"添加域"对话框（见图 4-62）中输入邮件服务器的域名，如"mailserver.com"。

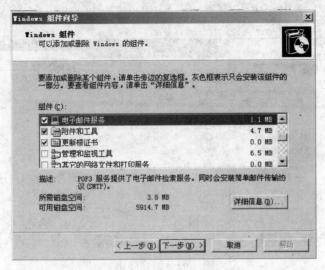

图 4-60 添加电子邮件服务

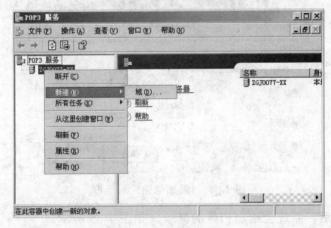

图 4-61 创建邮件域

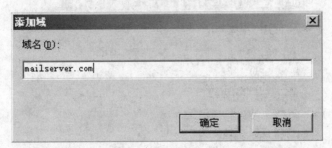

图 4-62 "添加域"对话框

2. 创建用户邮箱

右击新建的"mailserver.com"域，选择"新建"→"邮箱"命令，如图 4-63 所示，弹出添加邮箱对话框，在"邮箱名"文本框中输入邮件用户名，然后设置用户密码，最后单击"确定"按钮，如图 4-64 所示，完成邮箱的创建。

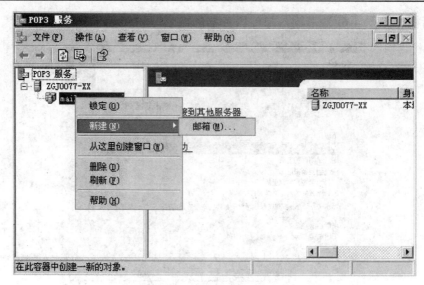

图 4-63 创建邮箱

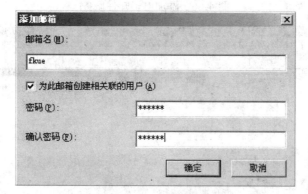

图 4-64 "添加邮箱"对话框

邮箱创建完毕后，系统会给出相应的提示，如图 4-65 所示。

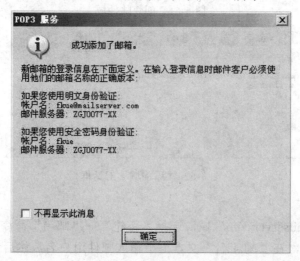

图 4-65 邮箱添加成功

（三）配置 SMTP 服务器

完成 POP3 服务器的配置后，就可开始配置 SMTP 服务器了。选择"开始"→"程序"→"管理工具"→"Internet 信息服务（IIS）管理器"命令，在"IIS 管理器"窗口中右击"默认 SMTP 虚拟服务器"选项，在弹出的菜单中选择"属性"命令，打开"默认 SMTP 虚拟服务器"窗口，选择"常规"选项卡，在"IP 地址"下拉列表框中选择邮件服务器的 IP 地址即可。单击"确定"按钮。

完成以上设置后，用户就可以使用邮件客户端软件连接邮件服务器进行邮件收发工作，只要在 POP3 和 SMTP 处输入邮件服务器的 IP 地址即可。注意到这步为止，基本的 mail 功能已经实现了，可以正常收发 E-mail。

四、理论知识

（一）电子邮件地址的格式

电子邮件地址格式为：账户名@邮件服务器域名，如 username@domain.com。一般情况下，每个电子邮件用户都在邮件服务器中有一个不同的目录，用于存放用户的电子邮件。

（二）电子邮件系统组成

（1）用户代理：用户与电子邮件系统的接口，多数情况下它是运行于 PC 中的一个程序，主要帮助用户收发邮件。

（2）邮件服务器：电子邮件系统的核心，其主要功能是接收和发送邮件，同时还向发送人报告邮件传送的情况，如成功交付、被拒绝、丢失等。

（3）协议。

1）SMTP：简单的邮件传输协议（Simple Mail Transfer Protoc01），是基于 TCP 服务的应用层协议。SMTP 是一组规则，规定了两个相互通信的 SMTP 进程之间应如何交换信息。当主机由用户接收了电子邮件并想传送到另一台服务器时，则联络 SMTP 服务器，SMTP 服务器会做出反应，显示正确或出错消息或特定的请求信息。

2）SMTP 使用客户机服务器模式。负责发送邮件的 SMTP 进程，是 SMTP 客户，负责接收邮件的 SMTP 进程，是 SMTP 服务器。而且，SMTP 不使用中间的服务器，即 TCP 连接总是在发送端和接收端这两个邮件服务器之间直接建立。

3）POP3：邮局通信协议 3（Post Office Protocol 3），是一种邮件读取协议。POP3 使用客户机/服务器方式，收信人利用用户代理，将自己的邮件从邮件服务器的用户邮箱内取回。此用户代理即为负责获取邮件的 POP3 客户。而在邮件服务器上监听 TCP 端口 110，负责读取并发送邮件的就是 POP3 服务进程（即 POP3 服务器）。获取信件时，POP3 服务器需要用户输入合法的账户信息。

除了上述两种普遍采用的邮件协议之外，还有如 IMAP（因特网报文存取协议）、MIME（通用因特网邮件扩充）等也是用于电子邮件系统之中的。需要注意的是：发信人的用户代理向源邮件服务器发送电子邮件，以及源邮件服务器向目的邮件服务器发送邮件，都是使用 SMTP；POP 和 IMAP 是用户从目的邮件服务器上读取邮件时采用的协议。MIME 是作为 SMTP 的一种改进，定义了传送非 ASCII 码的编码规则。

（三）公用电子邮件服务

对于公用电子邮件服务提供商（如 163.com），通常同时使用两个邮件服务器地址。例如 163.com，它的 POP3 服务器为 pop.163.com，SMTP 服务器为 smtp.163.com。用户通过客户端邮件软件（需要指定 SMTP 及 POP3 服务器地址）连接到 163 免费邮件服务器之后，先要通过账号身份验证，然后进行邮件收发。这里需要两个过程：SMTP 和 POP3。用户使用 SMTP （TCP 端口 25）发送邮件，而 POP3（TCP 端口 110）检索用户的新邮件并将新邮件发送到用户本地。因此，完善的邮件服务需要 SMTP 和 POP3 的共同作用。

五、思考的问题

体会 POP 服务器和 SMTP 服务器的作用。

项目五 交换机配置

一、教学目标

通过对交换机安装与配置实验，加深对局域网交换机工作原理理解，掌握其常见产品的安装与配置方法，为将来从事网络工程建设打下基础。

（1）掌握交换机的常用配置命令。

（2）掌握 VLAN 的基本配置方法。

二、工作任务

通过本项目的学习，能掌握用一些常用配置命令对交换机进行简单配置，在理解 VLAN 的基础上会进行虚拟局域网 VLAN 的设计和配置。

模块一 交换机的基本配置

一、教学目标

通过对交换机连接方式的实践，学会交换机的简单使用；会查看交换机系统和配置信息，掌握当前交换机的工作状态，并通过常用配置命令对交换机进行简单设置。

二、工作任务

学会登录连接交换机，并能进行一些简单设置。

三、相关实践知识

配置主要包括基本参数的配置和功能配置。在对交换机进行配置之前，首先应登录连接到交换机，通过以下实践掌握交换机的控制端口连接或通过 Telnet 登录连接方式，并能进行简单配置。

（一）通过 Console 端口连接交换机

1. 项目所需设备

（1）用于配置和测试的计算机一台（安装 Windows 操作系统）。

（2）交换机一台（本实验中采用思科的"Catalyst 3500 XL"交换机）。

（3）直联网线若干根。

（4）RS-232C 串行通信线一根。

2. 物理连接

将电脑通过串口线与交换机的"Console"端口直接连接，如图 5-1 所示。

图 5-1　交换机与计算机连接图

3. 软件设置

（1）在 Windows 操作系统下，单击"开始"按钮，在"所有程序"菜单的"附件"选项中单击"超级终端"，弹出如图 5-2 所示对话框。

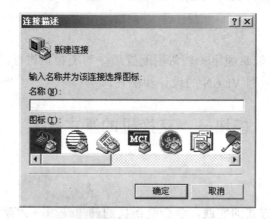

图 5-2　超级终端连接创建对话框

（2）在"名称"文本框中键入需新建的超级终端连接名称"cisco"，然后单击"确定"按钮，弹出如图 5-3 所示的对话框。

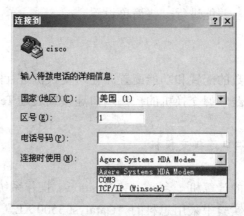

图 5-3　超级终端连接对话框

（3）在"连接时使用"下拉列表框中选择与交换机相连的计算机的串口 1，单击"确定"按钮，弹出如图 5-4 所示的对话框。

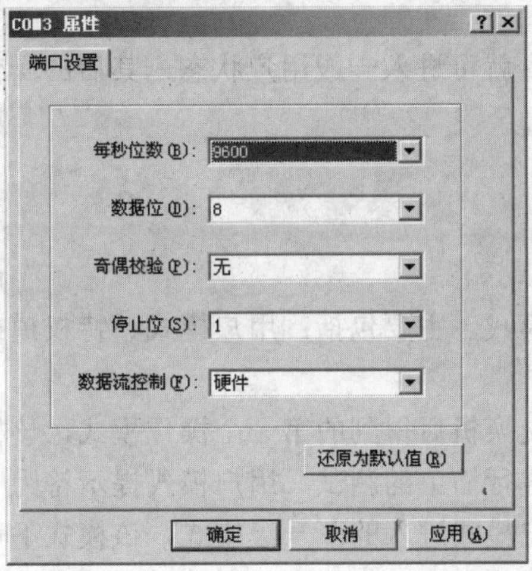

图 5-4　COM1 端口属性设置

（4）在"波特率"下拉列表框中选择"9600"通信速率，其他各选项统统采用默认值，单击"确定"按钮。

如果连接正常且交换机已启动的情况下，在超级终端窗口上就会出现如下所示的信息：

User Access Verification

Password:

在上面提示状态下输入口令（默认口令为 cisco）后就可进入交换机的一般用户命令状态（提示符为 Switch >），在一般命令状态下可以进行一般性操作，例如：

Switch>show interface　　　　　　　//查看交换机端口状态

Switch>ping 192.168.35.1　　　　　//测试到某 IP 是否连通

为了对交换机重要参数进行配置，需要进入特权用户状态：

Switch>enable　　　　　　　　　　//进入特权用户状态

Password: cisco

Switch#

"#"为特权用户模式，在该模式下可以对交换机基本参数如名称、管理 IP 地址、登录密码等进行配置。

（二）远程登录配置

上述配置完成后，就可以通过网络使用 Telnet 对交换机进行远程配置。在使用 Telnet 连接至交换机前，应当确认已经做好以下准备工作：

（1）被管理的交换机上已经配置用于网络管理的 IP 地址（本项目中为 192.168.35.254）。

（2）进行远程配置的计算机的 IP 地址（如 192.168.35.1）必须与交换机的管理 IP 同在一个网段内，并安装有 Telnet 客户端程序。

（3）获知被管理的交换机上的远程登录密码，默认为 cisco。

在 Windows 的 DOS 仿真环境下输入：telnet 192.168.35.254，交换机将返回以下提示：

User Access Verification

Password:

输入登录密码：cisco，就可进入一般用户状态，其后的操作与通过串口配置过程完全一样。

四、理论知识

（一）交换机的命令模式

交换机的命令行操作模式，主要包括：用户模式、特权模式、全局配置模式、端口模式等几种。

（1）用户模式：进入交换机后得到的第一个操作模式，该模式下可以简单查看交换机的软、硬件版本信息，并进行简单的测试。用户模式提示符为 switch>。

（2）特权模式：由用户模式进入的下一级模式，该模式下可以对交换机的配置文件进行管理，查看交换机的配置信息，进行网络的测试和调试等。特权模式提示符为 switch#。

（3）全局配置模式：属于特权模式的下一级模式，该模式下可以配置交换机的全局性参数（如主机名、登录信息等）。该模式下可以进入下一级的配置模式，对交换机具体的功能进行配置。全局模式提示符为 switch（config）#。

（4）端口模式：属于全局模式的下一级模式，该模式下可以对交换机的端口进行参数配置。端口模式提示符为 switch（config-if）#。

（5）Exit 命令是退回到上一级操作模式。

（6）End 命令是指用户从特权模式以下级别直接返回到特权模式。

（二）交换机的基本配置

1. 交换机基本状态

switch:

rommon>

hostname>   ；用户模式

hostname#   ；特权模式

hostname（config）#   ；全局配置模式

hostname（config-if）#   ；接口状态

2. 交换机口令设置

switch>enable   ；进入特权模式

switch#config terminal   ；进入全局配置模式

switch（config）#hostname <hostname>   ；设置交换机的主机名

switch（config）#enable secret xxx   ；设置特权加密口令为 xxx

switch（config）#enable password xxx   ；设置特权非加密口令为 xxx

switch（config）#line console 0   ；进控制台口（RS232）初始化

switch（config-line）#line vty 0 4   ；进入虚拟终端 virtual tty

switch（config-line）#login   ；允许登录

switch（config-line）#password xx	；设置登录口令 xx
switch#exit	；返回命令

3. 交换机 VLAN 设置

switch#vlan database	；进入 VLAN 设置
switch（vlan）#vlan 2	；建 VLAN 2
switch（vlan）#no vlan 2	；删 VLAN 2
switch（config）#int f0/1	；进入端口 1
switch（config-if）#switchport access vlan 2	；当前端口 1 加入 VLAN 2
switch（config-if）#switchport mode trunk	；设置为干线
switch（config-if）#switchport trunk allowed vlan 1,2	；设置允许的 vlan
switch（config-if）#switchport trunk encap dot1q	；设置 vlan 中继
switch（config）#vtp domain <name>	；设置发 vtp 域名
switch（config）#vtp password <word>	
switch（config）#vtp mode server	
switch（config）#vtp mode client	

4. 交换机设置 IP 地址

switch（config）#interface vlan 1	；进入 VLAN 1
switch（config-if）#ip address <IP> <mask>	；添加远程登录 IP
switch（config）#ip default-gateway <IP>	；添加默认网关
switch#dir flash:	；查看内存

5. 交换机显示命令

switch#write	；写入保存
switch#show vtp	
switch#show run	；查看当前配置信息
switch#show vlan	；看 VLAN
switch#show interface	；显示所有端口信息
switch#show int f0/0	；显示端口 0 的信息

模块二　VLAN 的基本配置

一、教学目标

通过配置 VLAN 理解 VLAN 的概念和特点，进一步理解广播域，掌握通过端口创建、配置 VLAN 的基本方法。

二、工作任务

掌握简单 VLAN 设计及配置。

三、相关实践知识——交换机 VLAN 实验项目

1. 项目所需设备

交换机（两台）、PC 机（四台）、直连线（五条）

2. 实验项目拓扑结构

实验时，按照拓扑图 5-5 进行网络的连接，注意主机和交换机连接的端口。

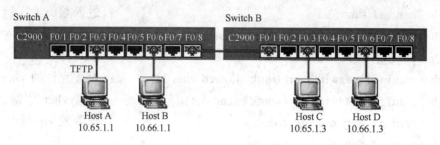

图 5-5　实验项目拓扑图

3. 实验项目过程

（1）按照图 5-5 所示，进行交换机和主机的连接，并设置四台主机的 IP 地址。

（2）设置 VLAN。双击 SwitchA，改名 SwitchA 为 SWA，建立两个 VLAN，分别为 2、3。

switch>en

switch#sh vlan

switch#conft

switch（config）#hosthame SWA

switch（config）#exit

SWA#vlan database

SWA（vlan）#vlan 2

SWA（vlan）#vlan 3

SWA（vlan）#exit

（3）将 SWA 交换机的 f0/5,f0/6,f0/7 加入到 VLAN 2。

SWA（config）#int f0/5

SWA（config-if）#switchport access vlan 2

SWA（config-if）#int f0/6

SWA（config-if）#switchport access vlan 2

SWA（config-if）#int f0/7

SWA（config-if）#switchport access vlan 2

SWA（config-if）# end

SWA#sh vlan

在 SWB 上与 SWA 上类似，将 SWB 交换机 f0/5,f0/6,f0/7 加入到 VLAN 2。

（4）测试可通性。

从 PCA 到 PCC 测试：

[root@PCA root]# ping 10.65.1.3　　　（通）

从 PCA 到 PCB 测试：

[root@PCA root]# ping 10.66.1.1　　　（不通，因为不同网段，不同 VLAN）

从 PCB 到 PCD 测试：

[root@PCB root]# ping 10.66.1.3　　　（不通，要求 trunk）

从 PCA 到 SWA 测试：

[root@PCA root]# ping 10.65.1.7　　　（通，同一网段，同在 VLAN 1）

从 PCA 到 SWB 测试：

[root@PCA root]# ping 10.65.1.8　　　（通，同一网段，同在 VLAN 1）

从 SWA 到 PCA 测试：

SWA#ping 10.65.1.1　　　（通）

从 SWA 到 PCB 测试：

SWA#ping 10.66.1.1　　　（不通，因为不同网段，不同 VLAN）

从 SWA 到 SWB 测试：

SWA#ping 10.65.1.8　　　（通）

（5）设置干线 trunk。将连接两个交换机的端口设置成 trunk。

SWA（config）#int f0/8

SWA（config-if）#switchport mode trunk

SWA（config-if）#switchport trunk allowed vlan 1,2,3

SWA（config-if）#switchport trunk encap dot1q

SWA（config-if）#end

SWA#sh run

SWB（config）#int f0/1

SWB（config-if）#switchport mode trunk

SWB（config-if）#switchport trunk allowed vlan 1,2,3

SWB（config-if）#switchport trunk encap dot1q

SWB（config-if）#end

SWB#sh run

交换机创建 trunk 时默认 allowed all，所以上面的 trunk allowed 命令可以不用。

dot1q 是 vlan 中继协议（802.1q），由于正确设置了 trunk，两个交换机间可以多个 vlan 通过，所以 PCA→PCC, PCB→PCD 可以通了。

[root@PCA root]# ping 10.65.1.3　　　（通，同在 VLAN 1）

[root@PCB root]# ping 10.66.1.3　　　（通，同在 VLAN 2）

[root@PCA root]# ping 10.66.1.3　　　（不通，不同 VLAN 需要路由）

四、理论知识

（一）VLAN 简介

VLAN（Virtual Local Area Network）又称虚拟局域网，是指在一个物理网段内进行逻辑的划分，划分成若干个虚拟局域网。VLAN 最大的特性是不受物理位置的限制，可以进行灵活的划分。VLAN 具备了一个物理网段所具备的特性。相同 VLAN 内的主机可以互相直接访问，不同 VLAN 间的主机之间互相访问必须经由路由设备进行转发。广播数据包只可以在本 VLAN 内进行传播，不能传输到其他 VLAN 中。

（二）组建 VLAN 的条件

VLAN 是建立在物理网络基础上的一种逻辑子网，因此建立 VLAN 需要相应支持 VLAN 技术的网络设备。当网络中的不同 VLAN 间进行相互通信时，需要路由的支持，这时就需要增加路由设备——要实现路由功能，既可采用路由器，也可采用三层交换机来完成。

（三）划分 VLAN 的基本策略

从技术角度讲，VLAN 的划分可依据不同原则，一般有以下三种划分方法：

1. 基于端口的 VLAN 划分

这种划分是把一个或多个交换机上的几个端口划分一个逻辑组，这是最简单、最有效的划分方法。该方法只需网络管理员对网络设备的交换端口进行重新分配即可，不用考虑该端口所连接的设备。

2. 基于 MAC 地址的 VLAN 划分

MAC 地址其实就是指网卡的标识符，每一块网卡的 MAC 地址都是唯一且固化在网卡上的。MAC 地址由 12 位十六进制数表示，前 6 位为厂商标识，后 6 位为网卡标识。网络管理员可按 MAC 地址把一些站点划分为一个逻辑子网。

3. 基于路由的 VLAN 划分

路由协议工作在网络层，相应的工作设备有路由器和路由交换机（即三层交换机）。该方式允许一个 VLAN 跨越多个交换机，或一个端口位于多个 VLAN 中。

就目前来说，对于 VLAN 的划分主要采取上述第 1、3 种方式，第 2 种方式为辅助性的方案。

（四）使用 VLAN 优点

1. 控制广播风暴

一个 VLAN 就是一个逻辑广播域，通过对 VLAN 的创建，隔离了广播，缩小了广播范围，可以控制广播风暴的产生。

2. 提高网络整体安全性

通过路由访问列表和 MAC 地址分配等 VLAN 划分原则，可以控制用户访问权限和逻辑网段大小，将不同用户群划分在不同 VLAN，从而提高交换式网络的整体性能和安全性。

3. 网络管理简单、直观

对于交换式以太网，如果对某些用户重新进行网段分配，需要网络管理员对网络系统的物理结构重新进行调整，甚至需要追加网络设备，增大网络管理的工作量。而对于采用

VLAN 技术的网络来说，一个 VLAN 可以根据部门职能、对象组或者应用将不同地理位置的网络用户划分为一个逻辑网段。在不改动网络物理连接的情况下可以任意地将工作站在工作组或子网之间移动。利用虚拟网络技术，大大减轻了网络管理和维护工作的负担，降低了网络维护费用。在一个交换网络中，VLAN 提供了网段和机构的弹性组合机制。

五、拓展知识

思考：三个交换机的情况。再加入一个交换机 switchC，将它串入 switchA 和 switchB 之间，连接方式：switchA:F0/8→switchC:F0/3; switchC:F0/6→switchB:F0/1。

（1）新加入的 SwitchC 默认状态时，测试连通性。从 PCA→PCC，从 PCB→PCD 测试：

[root@PCA root]# ping 10.65.1.3（不通）

[root@PCB root]# ping 10.66.1.3（不通）

由于新加入的交换机没有设置 trunk，所有接口默认 VLAN 1，对于交换机而言，trunk 要成对出现，如果 dot1q 不能和另一端交换信息会自动断掉。

（2）将交换机之间的连线都设置成 trunk 时，再测试连通性。

SWC（config）#int f0/3

SWC（config-if）#switchport mode trunk

SWC（config-if）#switchport trunk encap dot1q

SWC（config-if）#int f0/6

SWC（config-if）#switchport mode trunk

SWC（config-if）#switchport trunk encap dot1q

SWC（config-if）#end

SWC#sh run

由于建立 trunk 时默认为 trunk allowed vlan all，所以这里没设置。

现在有两条正确的 trunk，再看一下连通情况：

[root@PCA root]# ping 10.65.1.3 （通）

[root@PCB root]# ping 10.66.1.3 （通）

（3）设置 VTP。VTP 是 VLAN 传输协议，在 VTP Server 上配置的 VLAN 在允许条件下，可以从 VTP Client 端看到 VTP Server 上的 VLAN，并将自己端口加入到 VLAN 中。

SWC（config）#vtp domain abc

SWC（config）#vtp mode server

SWC（config）#vtp password ok

SWB（config）#vtp domain abc

SWB（config）#vtp mode client

SWB（config）#vtp password ok

SWB#sh vlan

SWA#sh vlan

SWC#sh vlan

当口令和域名一致时，client 端可以学习到 server 端的 VLAN，在 VTP Server 端还可以有很多策略，这里只是说明最基本的问题。

VTP 在企业、机关、学校的应用是很多的，在主交换机上设置好 VLAN 以后，下级的交换机不用再设置 VLAN，可以将 client 的某些端口添加到 VTP Server 中定义的 VLAN 中去，加强了管理。

六、上机操作

（1）按照图 5-6 进行交换机和主机的连接，并进行相应配置，使主机 A 和 B 之间可以进行通信。

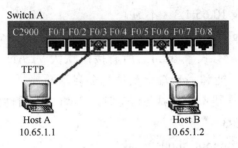

图 5-6　上机操作图

（2）能独立完成图 5-5 所示实验，并思考拓展知识所提及的配置方式。

项目六 路由器配置

一、教学目标

路由器是网络互联的核心设备。通过该项目的实训使学生能了解路由器的工作原理、主要功能以及配置方法，能运用路由器进行网络互联，并利用路由器提供的功能进行访问控制。

（1）掌握路由器的基本设置方法。

（2）掌握路由器的命令状态。

（3）掌握路由器的常用命令。

（4）掌握路由器端口 IP 地址的配置方法。

（5）掌握路由器协议的配置方法。

二、工作任务

如图 6-1 网络互联拓扑图所示，网络号为 192.168.10.0 的网络 A 与网络号为 192.168.20.0 的网络 B 通过路由器 A 互联，正确配置网络参数以及路由器参数，使网络 A 中的计算机能与网络 B 中的计算机相互通信。

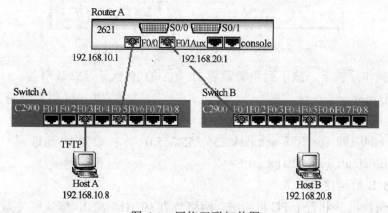

图 6-1   网络互联拓扑图

三、相关实践知识

（一）项目设备及连接

项目设备主要有：路由器一台，交换机两台，PC 机两台以上，直连线四条以上，console 端口线一条。

按图 6-1 网络互联拓扑图所示进行连接。也可以通过路由模拟软件按图 6-1 网络互联拓扑图配置实验环境。

（二）网络 A 的构建及配置

网络 A 由交换机 A 和若干 PC 机组成，网络号为 192.168.10.0，默认网关为 192.168.10.1，子网掩码为 255.255.255.0，交换机 A 的任一端口与路由器 A 的端口 F0/0 相连。假设网络 A 中一台主机名为 Host A，其 IP 地址为 192.168.10.8。

在 Windows 操作系统下，通过 TCP/IP 属性设置，手工设置其 IP 地址，如图 6-2 所示。

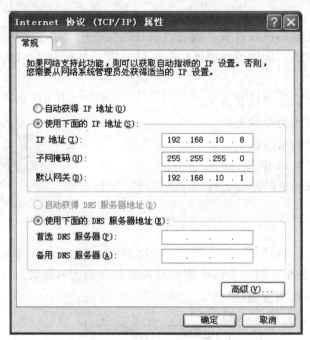

图 6-2　网络 A 中 Host A 的 TCP/IP 属性配置

在 Linux 操作系统下，按下列步骤设置 Host A 的 IP 地址及默认网关。

PCA login: root	；以 root 用户身份登录主机 A
password: linux	；口令是 linux
# ifconfig eth0 192.168.10.8 netmask 255.255.255.0	；设置 IP 地址
# route add default gw 192.168.10.1	；设置网关

（三）网络 B 的构建及配置

网络 B 由交换机 B 和若干 PC 机组成，网络号为 192.168.20.0，默认网关为 192.168.20.1，子网掩码为 255.255.255.0，交换机 B 的任一端口与路由器 A 的端口 F0/1 相连。假设网络 B 中一台主机名为 Host B，其 IP 地址为 192.168.20.8。

在 Windows 操作系统下，通过 TCP/IP 属性设置，手工设置其 IP 地址，如图 6-3 所示。

在 Linux 操作系统下，按下列步骤设置 Host B 的 IP 地址及默认网关。

PCB login: root　　　　　　　　　　　　　　　　　　；以 root 用户身份登录主机 B

password: linux	；口令是 linux
# ifconfig eth0 192.168.20.8 netmask 255.255.255.0	；设置 IP 地址
# route add default gw 192.168.20.1	；设置网关

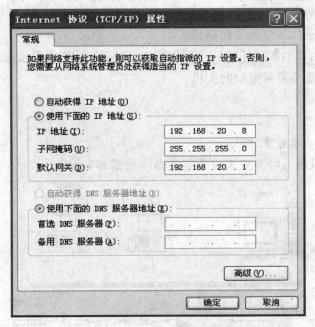

图 6-3　网络 B 中 Host B 的 TCP/IP 属性配置

（四）路由器的配置

用 console 端口专用线将 PC 机 RS232 串口与路由器的 console 端口相连，利用超级终端命令配置路由器。

路由器的端口 F0/0 与网络 A 相连，它是数据进出网络 A 的必经之地，这里称为网络 A 的网关，其 IP 地址为 192.168.10.1。

路由器的端口 F0/1 与网络 B 相连，它是数据进出网络 B 的必经之地，这里称为网络 B 的网关，其 IP 地址为 192.168.20.1。

本项目中路由器的配置主要是配置端口 F0/0 和端口 F0/01 的 IP 地址，以及配置合适的路由协议。可以按以下步骤操作：

router>enable	；进入特权模式
router#config terminal	；进入全局配置模式
router（config）#int f0/0	；进入端口 F0/0
router（config-if）#no shutdown	；启用端口 F0/0
router（config-if）#ip address 192.168.10.1 255.255.255.0	；设置 IP 地址和子网掩码
router（config-if）#exit	；退出端口 F0/0
router（config）#int f0/1	；进入端口 F0/1
router（config-if）#no shutdown	；启用端口 F0/1
router（config-if）#ip address 192.168.20.1 255.255.255.0	；设置 IP 地址和子网掩码

router（config-if）#exit   ；退出端口 F0/1

router（config）#ip routing   ；启动路由

router（config）#router rip   ；启动 RIP 路由协议

（五）网络连通性测试

使用 ping 命令进行网络连通性测试。

如果网络和路由器的配置正确，不仅网络 A 和网络 B 中主机能 ping 通本网络内的主机，还能相互 ping 通不同网络中的主机。

四、理论知识

（一）路由器的基本设置方式

一般来说，可以用五种方式来设置路由器，如图 6-4 所示。

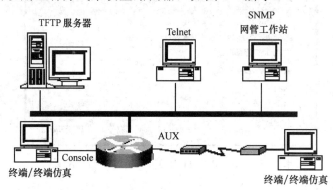

图 6-4　路由器的基本设置方式

（1）Console 口接终端或运行终端仿真软件的微机。

（2）AUX 口接 MODEM，通过电话线与远方的终端或运行终端仿真软件的微机相连。

（3）通过 Ethernet 上的 TFTP 服务器。

（4）通过 Ethernet 上的 TELNET 程序。

（5）通过 Ethernet 上的 SNMP 网管工作站。

但路由器的第一次设置必须通过第一种方式进行，此时终端的硬件设置如下：

波特率：9600

数据位：8

停止位：1

奇偶校验：无

（二）路由器的命令状态

（1）router>。路由器处于用户命令状态，这时用户可以看路由器的连接状态，访问其他网络和主机，但不能看到和更改路由器的设置内容。

（2）router#。在 router>提示符下键入 enable，路由器进入特权命令状态 router#，这时不但可以执行所有的用户命令，还可以看到和更改路由器的设置内容。

（3）router（config）#。在 router#提示符下键入 configure terminal，出现提示符 router （config）#，此时路由器处于全局设置状态，可以设置路由器的全局参数。

（4）router（config-if）#，router（config-line）#，router（config-router）#，等。路由器处于局部设置状态，这时可以设置路由器某个局部的参数。

（5）>。路由器处于 RXBOOT 状态，在开机后 60s 内按 Ctrl+Break 键可进入此状态，这时路由器不能完成正常的功能，只能进行软件升级和手工引导。

（6）设置对话状态。这是一台新路由器开机时自动进入的状态，在特权命令状态使用 Setup 命令也可进入此状态，这时可通过对话方式对路由器进行设置。

（三）路由器的常用命令

（1）帮助。在 IOS 操作中，无论任何状态和位置，都可以键入"？"得到系统的帮助。

（2）路由器显示命令：

router#show run	；显示接口
router#show interface	；显示接口
router#show ip route	；显示路由
router#show cdp nei	；看网上邻居
router#reload	；重新启动

（3）设置口令：

router>enable	；进入特权模式
router#config terminal	；进入全局配置模式
router（config）#hostname <hostname>	；设置交换机的主机名
router（config）#enable secret xxx	；设置特权加密口令为 xxx
router（config）#enable password xxx	；设置特权非加密口令为 xxx
router（config）#line console 0	；进控制台口（Rs232）初始化
router（config-line）#line vty 0 4	；进入虚拟终端 virtual tty
router（config-line）#login	；允许登录
router（config-line）#password xx	；设置登录口令 xx
router（config）# （Ctrl+z）	；返回特权模式
router#exit	；返回命令

（4）配置 IP 地址：

router（config）#int s0/0	；进行串行接口
router（config-if）#no shutdown	；启动接口
router（config-if）#clock rate 64000	；设置时钟
router（config-if）#ip address 10.1.1.1 255.255.0.0	；设置 IP 地址和子网掩码
router（config-if）#ip add 10.1.1.2 255.255.0.0 second	；
router（config-if）#int f0/0.1	；进入子接口
router（config-subif.1）#ip address <ip><netmask>	；
router（config-subif.1）#encapsulation dot1q <n>	；
router（config）#config-register 0x2142	；跳过配置文件

router（config）#config-register 0x2102   ；正常使用配置文件

router#reload   ；重新引导

（5）复制操作：

router#copy running-config startup-config   ；存配置

router#copy running-config tftp   ；上载

router#copy startup-config tftp

router#copy tftp flash: ；特权模式下升级 IOS

router#copy tftp startup-config   ；下载配置文件到 nvram

（6）ROM 状态：

Ctrl+Break   ；进入 ROM 监控状态

rommon>confreg 0x2142   ；跳过配置，26 36 45xx

rommon>confreg 0x2102   ；使用配置，恢复工作状态

rommon>reset   ；重新引导，等效于重开机

rommon>copy xmodem:<sname> flash:<dname> ；从 console 升级 IOS

rommon>IP_ADDRESS=10.65.1.2   ；设置路由器 IP

rommon>IP_SUBNET_MASK=255.255.0.0   ；设置路由器掩码

rommon>TFTP_SERVER=10.65.1.1   ；指定 TFTP 服务器 IP

rommon>TFTP_FILE=c2600.bin   ；所要下载的文件

rommon>tftpdnld   ；ROM 监控状态下升级 IOS

rommon>dir flash: ；查看闪存中的内容

rommon>boot   ；引导 IOS

（7）静态路由：ip route <ip-address> <subnet-mask> <gateway>。例如：

router（config）#ip route 10.1.0.0 255.255.0.0 10.2.1.1

router（config）#ip route 0.0.0.0 0.0.0.0 1.1.1.2

（8）动态路由：

router（config）#ip routing   ；启动路由

router（config）#router rip   ；启动 RIP 路由协议。

router（config-router）#network <netid>   ；配置范围，有的支持 all。

router（config-router）#negihbor <ip-address> ；点对点帧中继用。

（9）帧中继命令：

router（config）# frame-relay switching   ；使能帧中继交换

router（config-s0）# encapsulation frame-relay ；使能帧中继

router（config-s0）# frame-relay intf-type DCE ；DCE 端（需要配虚电路）

router（config-s0）# frame-relay local-dlci 20 ；配置虚电路号

（10）基本访问控制列表：

router（config）#access-list <number> permit|deny <source ip> <wild|any>

router（config）#interface <interface>   ；default: deny any

router（config-if）#ip access-group <number> in|out　　; default: out

五、拓展知识

（一）路由器的访问控制

1. 基本访问控制命令

router（config）#access-list <number> permit|deny <source ip> <wild|any>

router（config）#interface <interface>　　　　　　　; default: deny any

router（config-if）#ip access-group <number> in|out　　; default: out

2. 举例

如图 6-5 所示，对路由器 Router1 的 S0 端口进行访问控制

对 Router1 进行如下操作：

router1（config）#access-list 1 deny 192.1.3.0
0.0.0.255

router1（config）#access-list 1 permit any

router1（config）#interface serial 0

router1（config-if）#ip access-group 1 in

（二）路由器访问控制实例

假设对如图 6-1 所示的互联网络进行访问控
制，要求实现网络 A 和网络 B 中主机能 ping 通

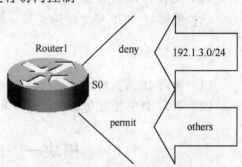

图 6-5　路由器的基本访问控制

本网络内的主机，网络 A 中的主机能 ping 通网络 B 中主机，但网络 B 中的主机不能 ping
通网络 A 中主机。

要实现上述网络控制功能，可以对路由器的 F0/0 端口进行访问控制，具体操作如下：

router（config）#access-list 1 deny 192.168.20.0 0.0.0.255

router（config）#access-list 1 permit any

router（config）#interface f0/0

router（config-if）#ip access-group 1 out

六、上机操作

如图 6-1 所示网络互联拓扑图，一台路由器连接了网络 A 和网络 B 两个网络，随着企
业规模扩大，新增部门，需要增加网络 C 和网络 D，其网络号分别是 192.168.30.0 和
192.168.40.0。在不增加路由设备的条件下，如何进行网络连接？试画出网络互联拓扑图。
为了使网络 A、网络 B、网络 C 和网络 D 能相互访问，如何配置网络参数？如何配置路由
器参数？

项目七 网络协议分析

一、教学目标

（1）掌握 IP 协议、TCP 协议的工作原理。
（2）能够对 IP 数据报传输进行分析，从而了解数据传输过程。
（3）能够对 TCP 报文传输进行分析。

二、工作任务

（1）学习 IP 数据传输分析过程和分析内容。
（2）学习 TCP 报文传输分析过程和分析内容。

模块一 IP 数据报传输分析

一、教学目标

了解 IP 协议工作的基本原理，掌握如何利用协议分析工具分析 IP 数据报报文格式，体会数据报发送、转发的过程。在学习的过程中可以直观地看到数据的具体传输过程。

二、工作任务

（1）学习 IP 协议工作的基本原理。
（2）学习利用协议分析工具分析 IP 数据报传输。

三、理论知识

（一）IP 协议和 IP 地址

1. IP 协议

Internet 上使用的一个关键的低层协议是网际协议，通常称 IP 协议。我们利用一个共同遵守的通信协议，从而使 Internet 成为一个允许连接不同类型计算机和不同操作系统的网络。要使两台计算机彼此之间进行通信，必须使两台计算机使用同一语言。通信协议正像两台计算机交换信息所使用的共同语言，它规定了通信双方在通信中所应共同遵守的约定。

计算机的通信协议精确地定义了计算机在彼此通信过程的所有细节。例如，每台计算机发送的信息格式和含义，在什么情况下应发送规定的特殊信息，以及接受方的计算机应做出哪些应答等。IP协议具有能适应各种各样网络硬件的灵活性，对底层网络硬件几乎没有任何要求，任何一个网络只要可以从一个地点向另一个地点传送二进制数据，就可以使用IP协议加入Internet了。如果希望能在Internet上进行交流和通信，则连上Internet的每台计算机都必须遵守IP协议，为此使用Internet的每台计算机都必须运行IP软件，以便时刻准备发送或接收信息。

IP协议对于网络通信有着重要的意义：网络中的计算机通过安装IP软件，使许许多多的局域网络组成了一个庞大而又严密的通信系统，从而使Internet看起来好像是真实存在的。但实际上它是一种并不存在的虚拟网络，只不过利用IP协议把全世界上所有愿意接入Internet的局域网络连接起来，使得它们彼此之间都能够通信。

2．IP地址

如果没有网络层的地址，那么网络只能用在一个很小的范围内。网络层的地址同逻辑链路层的MAC地址不同，在逻辑链路层可用MAC地址来鉴别不同的计算机。MAC地址是一种不分层的地址，所以，随着网络的增大，采用这种方式找对方计算机将变得十分困难。而网络层的地址是分层的地址，这样就能有效定位对方计算机的位置。

这就类似于电话网络系统或是邮递系统。电话网络系统通过用前几位号码来指明对方电话所在的地理区域，然后用后几位号码来指明对方的电话。这些工作都是由电话交换设备来完成的。在Internet中，每个公司都可堪称一个单一网络，类似于电话网络系统中的一个独立的地理区域。每个公司也都有自己的唯一的网络地址，公司内部的计算机也都有自己的主机地址，但是它们共同拥有相同的网络地址，这样组成网络层的地址——即IP地址。当其他网络的计算机和本公司内部的计算机进行通信时，都通过IP地址中的网络地址来定位计算机所在的网络，再通过主机地址来定位主机所在的具体位置。对于Internet，这种定位对方主机所在网络段的设备通常就是路由器。

IP地址是由软件来设置的，而MAC地址是固化到硬件中的。IP地址就像邮件地址一样，一个人的邮件地址是可变的，会随着他居住地的改变而改变。而MAC地址就像一个人的身份证号一样，一个人的身份证号是唯一的，不论到哪里都唯一不变。因此，当一台主机移动到其他网络的时候，其IP地址也要做出相应的改变。

（二）地址解析协议和逆向地址解析协议

IP数据包常通过以太网发送。以太网设备并不识别32位IP地址，因为它们是以48位MAC地址传输以太网数据包的。因此，IP驱动器必须把IP目的地址转换成MAC目的地址。在这两种地址之间存在着某种静态的或算法的映射，地址解析协议ARP（Address Resolution Protocol）就是用来确定这些映像的协议。

ARP是地址解析协议的缩写，是广播的一种，主要是各个端口用来发送自己的IP地址信息。ARP标准定义了两类基本的消息：一类是请求，一类是应答。一个请求消息包含一个IP地址和对相应硬件地址的请求；一个应答消息既包含发来的IP地址，也包含相应的硬件地址。

ARP工作时，送出一个含有所希望的IP地址的MAC广播数据包。目的地主机，或另一个代表该主机的系统，以一个含有IP和MAC地址对的数据包作为应答。

如果有一个不被信任的节点对本地网络具有写访问许可权，那么也会有某种风险。这样一台机器可以发布虚假的 ARP 报文并将所有通信都转向它自己，然后它就可以扮演某些机器，或者顺便对数据流进行简单的修改。ARP 机制常常是自动起作用的。在特别安全的网络上，ARP 映射可以用固件，并且具有自动抑制协议达到防止干扰的目的。

当发出 ARP 请求时，发送方填好发送方首部和发送方 IP 地址，还要填写目标 IP 地址。当目标机器收到这个 ARP 广播包时，就会在响应报文中填上自己的 48 位主机地址。

反向地址解析协议 RARP（Reverse Address Resolution Protocol）是在某些特定的情况下，在广播中发送自己的 MAC 地址以了解本端口 IP 地址的协议。

RARP 协议可以实现 MAC 地址到 IP 地址的转换。无盘工作站在启动时，只知道自己的网络接口的 MAC 地址，而不知道自己的 IP 地址。它首先要使用 RARP 得到自己的 IP 地址后，才能和其他服务器通信。在一台无盘工作站启动时，工作站首先以广播方式发出 RARP 请求。RARP 服务器收到这个请求后，就会根据 RARP 请求中提供的 MAC 地址为该工作站分配一个 IP 地址，并组织一个 RARP 相应包发送回去。RARP 包和 ARP 包的格式完全一样。唯一的差别在于 RARP 请求包中由发送者填充源端物理地址，而源 IP 地址为空。该子网上的 RARP 服务器接收到请求后，填入分配的 IP 地址并发送回源端。

（三）因特网报文控制协议 ICMP

因特网报文控制协议 ICMP（Internet Control Message Protocol）它是 TCP/IP 协议族的一个子协议，用于在 IP 主机、路由器之间传递控制消息。控制消息是指网络通不通、主机是否可达、路由是否可用等网络本身的消息。这些控制消息虽然并不传输用户数据，但是对于用户数据的传递起着重要的作用。

我们在网络中经常会使用到 ICMP 协议，只不过我们觉察不到而已。比如我们经常使用的用于检查网络通不通的 Ping 命令，这个"Ping"的过程实际上就是 ICMP 协议工作的过程。还有其他的网络命令如跟踪路由的 Tracert 命令也是基于 ICMP 协议的。

ICMP 协议对于网络安全具有极其重要的意义。ICMP 协议本身的特点决定了它非常容易被用于攻击网络上的路由器和主机。比如，可以利用操作系统规定的 ICMP 数据包最大尺寸不超过 64KB 这一规定，向主机发起"Ping of Death"（死亡之 Ping）攻击。"Ping of Death"攻击的原理是：如果 ICMP 数据包的尺寸超过 64KB 上限时，主机就会出现内存分配错误，导致 TCP/IP 堆栈崩溃，致使主机死机。

此外，向目标主机长时间、连续、大量地发送 ICMP 数据包，也会最终使系统瘫痪。大量的 ICMP 数据包会形成"ICMP 风暴"，使得目标主机耗费大量的 CPU 资源处理，疲于奔命。

虽然 ICMP 协议给黑客以可乘之机，但是 ICMP 攻击也并非无药可医。只要在日常网络管理中未雨绸缪，提前做好准备，就可以有效地避免 ICMP 攻击造成的损失。

对于"Ping of Death"攻击，可以采取两种方法进行防范：第一种方法是在路由器上对 ICMP 数据包进行带宽限制，将 ICMP 占用的带宽控制在一定的范围内，这样即使有 ICMP 攻击，它所占用的带宽也是非常有限的，对整个网络的影响非常少；第二种方法就是在主机上设置 ICMP 数据包的处理规则，最好是设定拒绝所有的 ICMP 数据包。

设置 ICMP 数据包处理规则的方法也有两种，一种是在操作系统上设置包过滤，另一种是在主机上安装防火墙。

四、相关实践知识

（一）IP 数据报传输分析测试软件

利用网络协议分析软件 IRIS，将 1 号机计算机中的一个文件通过 FTP 下载到 208 号机中。

（二）测试软件 IRIS 的设置

由于测试软件 IRIS 具有网络监听的功能，如果网络环境中还有其他的机器将抓很多别的数据包，这样为学习带来诸多不便。为了清楚地看清楚上述例子的传输过程首先将 IRIS 设置为只抓 208 号机和 1 号机之间的数据包。设置过程如下：

（1）用热键 Ctrl+B 弹出如图 7-1 所示的地址表，在表中填写机器的 IP 地址，为了对抓的包看得更清楚不要添主机的名字（name），设置好后关闭此窗口，如图 7-1 所示。

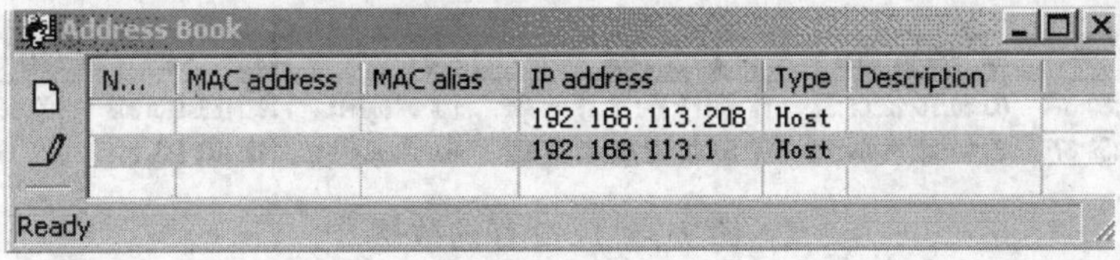

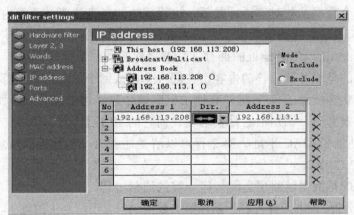

图 7-1 设置 IP 地址

（2）用热键 Ctrl+E 弹出如图 7-2 所示过滤设置，选择左栏"IP address"，右栏按图 7-2 所示，将 address book 中的地址拽到下面，设置好后按"确定"按钮，这样就这抓这两台计算机之间的包。

图 7-2 设置将抓包的计算机

（三）抓包

按下 IRIS 工具栏中的"开始"按钮。在浏览器中输入：FTP://192.168.113.1，找到要下载的文件，鼠标右击该文件，在弹出的菜单中选择"复制到文件夹"，开始下载。下载完后在 IRIS 工具栏中停止抓包。下面详细分析这个过程。

说明：为了能抓到 ARP 协议的包，在 Windows 2000 中运行 arp-d 清除 arp 缓存。

用 IRIS 捕获的包来分析一下 TCP/IP 的工作过程，为了更清晰地解释数据传送的过程，按传输的不同阶段抓了四组数据，分别是：

（1）查找服务器；

（2）建立连接；

（3）数据传输；

（4）终止连接（完成第一组数据的分析）。

每组数据，按下面三步进行解释：

（1）显示数据包；

（2）解释该数据包；

（3）按层分析该包的头信息。

（四）查找服务器抓包分析

（1）图 7-3 显示的是 1、2 行的数据。

No.	Time (h:m...	MAC source addr	MAC dest. addr	F...	Protocol	Addr. IP src	Addr. IP dest
1	16:8:59:377	00:50:FC:22:C7:BE	FF:FF:FF:FF:FF:FF	ARP	ARP-》Request	192.168.113.208	192.168.113.1
2	16:8:59:377	00:90:27:F6:54:53	00:50:FC:22:C7:BE	ARP	ARP-》Reply	192.168.113.1	192.168.113.208

图 7-3　1、2 行的数据

（2）解释数据包。这两行数据就是查找服务器及服务器应答的过程。

在第 1 行中，源端主机的 MAC 地址是 00:50:FC:22:C7:BE。目的端主机的 MAC 地址是 FF:FF:FF:FF:FF:FF，这个地址是十六进制表示的。F 换算为二进制就是 1111，全 1 的地址就是广播地址。所谓广播就是向本网上的每台网络设备发送信息，电缆上的每个以太网接口都要接收这个数据帧并对它进行处理，这行反映的是查找服务器的内容，ARP 发送一份称作 ARP 请求的以太网数据帧给以太网上的每个主机。网内的每个网卡都接到这样的信息"谁是 192.168.113.1 的 IP 地址的拥有者，请将你的硬件地址告诉我"。

第 2 行反映的是服务器应答的内容。在同一个以太网中的每台机器都会"接收"到这个报文，但正常状态下除了 1 号机外其他主机应该会忽略这个报文，而 1 号主机的 ARP 层收到这份广播报文后，识别出这是发送端在问它的 IP 地址，于是发送一个 ARP 应答。告知自己的 IP 地址和 MAC 地址。第 2 行可以清楚地看出 1 号回答的信息是自己的 MAC 地址 00:50:FC:22:C7:BE。

这两行反映的是数据链路层之间一问一答的通信过程。

（3）头信息分析。如图 7-4 左栏所示，第 1 数据包包含了两个头信息：以太网（Ethernet）和 ARP。

表 7-1 是以太网的头信息，括号内的数均为该字段所占字节数，以太网报头中的前两个字段是以太网的源地址和目的地址。目的地址为全 1 的特殊地址是广播地址，电缆上的所有以太网接口都要接收广播的数据帧。两个字节长的以太网帧类型表示后面数据的类

型。对于 ARP 请求或应答来说，该字段的值为 0806。

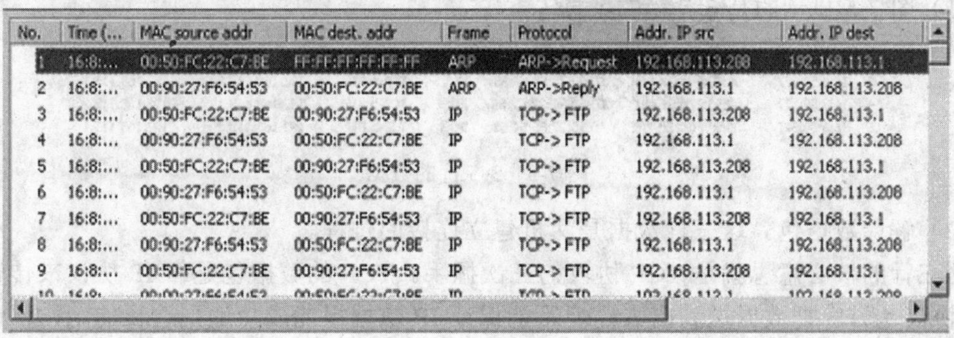

图 7-4 头信息分析

第 2 行中可以看到，尽管 ARP 请求是广播的，但是 ARP 应答的目的地址却是 1 号机的（00 50 FC 22 C7 BE）。ARP 应答是直接送到请求端主机的。

表 7-1 以太网头信息

行	以太网目的地址（6）	以太网源地址（6）	帧类型（2）
1	FF FF FF FF FF FF	00 50 FC 22 C7 BE	08 06
2	00 50 FC 22 C7 BE	00 90 27 F6 54 53	08 06

表 7-2 是 ARP 协议的头信息。硬件类型字段表示硬件地址的类型，它的值为 1 即表示以太网地址。协议类型字段表示要映射的协议地址类型，它的值为 0800 即表示 IP 地址。它的值与包含 IP 数据报的以太网数据帧中的类型字段的值相同。接下来的两个 1 字节的字段，硬件地址长度和协议地址长度分别指出硬件地址和协议地址的长度，以字节为单位。对于以太网上 IP 地址的 ARP 请求或应答来说，它们的值分别为 6 和 4。Op 即操作（Operation），1 是 ARP 请求、2 是 ARP 应答、3 是 RARP 请求、4 为 RARP 应答，第二行中该字段值为 2 表示应答。接下来的四个字段是发送端的硬件地址、发送端的 IP 地址、目的端的硬件地址和目的端 IP 地址。注意，这里有一些重复信息：在以太网的数据帧报头中和 ARP 请求数据帧中都有发送端的硬件地址。对于一个 ARP 请求来说，除目的端硬件地址外的所有其他的字段都有填充值。

表 7-2 的第 2 行为应答，当系统收到一份目的端为本机的 ARP 请求报文后，它就把硬件地址填进去，然后用两个目的端地址分别替换两个发送端地址，并把操作字段置为 2，最后把它发送回去。

表 7-2 ARP 协议头信息

行	硬件类型（2）	协议类型（2）	硬件地址长度（1）	协议地址长度（1）	Op（2）	发送端以太网地址（6）	目的以太网地址（6）
1	00 01	08 00	06	04	00 01	00 50 FC 22 C7 BE	00 00 00 00 00 00
2	00 01	08 00	06	04	00 02	00 90 27 F6 54 53	00 50 FC 22 C7 BE

（五）建立连接

（1）图 7-5 显示的是 3-5 行的数据。

No.	Time (h:m:s:ms)	MAC source addr	MAC dest. addr	Frame	Protocol	Addr. IP src	Addr. IP dest
3	16:8:59:377	00:50:FC:22:C7:8E	00:90:27:F6:54:53	IP	TCP-> FTP	192.168.113.208	192.168.113.1
4	16:8:59:377	00:90:27:F6:54:53	00:50:FC:22:C7:8E	IP	TCP-> FTP	192.168.113.1	192.168.113.208
5	16:8:59:377	00:50:FC:22:C7:8E	00:90:27:F6:54:53	IP	TCP-> FTP	192.168.113.208	192.168.113.1

图 7-5　3-5 行的数据

（2）解释数据包。这三行数据是两机建立连接的过程。

这三行的核心意思就是 TCP 协议的三次握手。TCP 的数据包是靠 IP 协议来传输的。但 IP 协议是只管把数据送到出去，但不能保证 IP 数据报能成功地到达目的地，保证数据的可靠传输是靠 TCP 协议来完成的。当接收端收到来自发送端的信息时，接收端将发送一条应答信息，意思是："我已收到你的信息了。"第三组数据将能看到这个过程。TCP 是一个面向连接的协议。无论哪一方向另一方发送数据之前，都必须先在双方之间建立一条连接。建立连接的过程就是三次握手的过程。

这个过程就像小明找到了小华向他借几本书。第一步：小明说："你好，我是小明"；第二步：小华说："你好，我是小华"；第三步：小明说："我找你借几本书。"这样通过问答就确认对方身份，建立了联系。

下面来分析一下此例的三次握手过程。

1）请求端 208 号机发送一个初始序号（SEQ）987694419 给 1 号机。

2）服务器 1 号机收到这个序号后，将此序号加 1 值为 987694419 作为应答信号（ACK），同时随机产生一个初始序号（SEQ）1773195208，这两个信号同时发回到请求端 208 号机，意思为："消息已收到，让我们的数据流以 1773195208 这个数开始。"

3）请求端 208 号机收到后将确认序号设置为服务器的初始序号（SEQ）1773195208 加 1 为 1773195209 作为应答信号。

以上三步完成了三次握手，双方建立了一条通道，接下来就可以进行数据传输了。

下面分析 TCP 头信息就可以看出，在握手过程中 TCP 头部的相关字段也发生了变化。

数据包头信息分析内容如下：

如图 7-6 所示，第 3 数据包包含了三头信息：以太网（Ethernet）、IP 和 TCP。头信息少了 ARP，多了 IP、TCP，下面的过程也没有 ARP 的参与。可以这样理解，在局域网内，ARP 负责的是在众多联网的计算机中找到需要找的计算机，找到后工作就完成了。

以太网的头信息与第 1、2 行不同的是帧类型为 0800，指明该帧类型为 IP。

IP 是 TCP/IP 协议族中最为核心的协议。从图 7-6 可以看出，所有的 TCP、UDP、ICMP 及 IGMP 数据都是以 IP 数据报格式传输的。有个形象的比喻：IP 协议就像运货的卡车，将一车车的货物运向目的地，主要的货物就是 TCP 或 UDP 分配给它的。需要特别指出的是 IP 提供不可靠、无连接的数据报传送，也就是说 IP 仅提供最好的传输服务但不保证 IP 数据报能成功地到达目的地。图 7-7 是 IP 数据报格式及首部中的各字段的情况。

No.	Time (h:m:s:ms)	MAC source addr	MAC dest. addr	Frame	Protocol	Addr. IP src
1	16:8:59:377	00:50:FC:22:C7:8E	FF:FF:FF:FF:FF:FF	ARP	ARP->Re...	192.168.113.208
2	16:8:59:377	00:90:27:F6:54:53	00:50:FC:22:C7:8E	ARP	ARP->Reply	192.168.113.1
3	16:8:59:377	00:50:FC:22:C7:8E	00:90:27:F6:54:53	IP	TCP-> FTP	192.168.113.208
4	16:8:59:377	00:90:27:F6:54:53	00:50:FC:22:C7:8E	IP	TCP-> FTP	192.168.113.1
5	16:8:59:377	00:50:FC:22:C7:8E	00:90:27:F6:54:53	IP	TCP-> FTP	192.168.113.208
6	16:8:59:377	00:90:27:F6:54:53	00:50:FC:22:C7:8E	IP	TCP-> FTP	192.168.113.1
7	16:8:59:407	00:50:FC:22:C7:8E	00:90:27:F6:54:53	IP	TCP-> FTP	192.168.113.208
8	16:8:59:407	00:90:27:F6:54:53	00:50:FC:22:C7:8E	IP	TCP-> FTP	192.168.113.1
9	16:8:59:407	00:50:FC:22:C7:8E	00:90:27:F6:54:53	IP	TCP-> FTP	192.168.113.208
10	16:8:59:417	00:90:27:F6:54:53	00:50:FC:22:C7:8E	IP	TCP-> FTP	192.168.113.1

图 7-6　IP 协议头信息

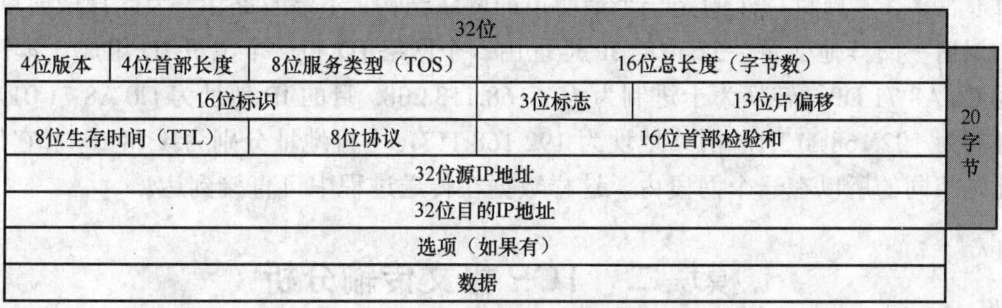

32位				
4位版本	4位首部长度	8位服务类型（TOS）	16位总长度（字节数）	20字节
16位标识		3位标志	13位片偏移	
8位生存时间（TTL）		8位协议	16位首部检验和	
32位源IP地址				
32位目的IP地址				
选项（如果有）				
数据				

图 7-7　IP 数据报格式及首部中的各字段

　　两外，上面提到的头信息里的这些数是十六进制表示的。一个数占 4 位，例如，4 的二进制是 0100。

　　4 位版本：表示目前的协议版本号，数值是 4 表示版本为 4，因此 IP 有时也称作 IPv4。

　　4 位首部长度：表示 IP 头部的长度，它的单位是 32 位（4 个字节），数值为 5 表示 IP 头部长度为 20 字节。

　　8 位服务类型（TOS）：00，这个 8 位字段由 3 位的优先权子字段（现在已经被忽略）、4 位的 TOS 子字段以及 1 位的未用字段（现在为 0）构成。4 位的 TOS 子字段包含：最小延时、最大吞吐量、最高可靠性以及最小费用，这四个 1 位最多只能有一个为 1，本例中都为 0，表示是一般服务。

　　16 位总长度（字节数）：总长度字段是指整个 IP 数据报的长度，以字节为单位。数值为 00 30，换算为十进制为 48 字节，48 字节=20 字节的 IP 头+28 字节的 TCP 头，这个数据报只是传送的控制信息，还没有传送真正的数据，所以目前看到的总长度就是报头的长度。16 位标识：标识字段唯一地标识主机发送的每一份数据报。通常每发送一份报文它的值就会加 1，第 3 行为数值 30 21，第 5 行为 30 22，第 7 行为 30 23。分片时涉及标志字段和片偏移字段，这里不讨论这两个字段。

　　8 位生存时间（TTL）：TTL（time-to-live）生存时间字段设置了数据报可以经过的最

多路由器数。它指定了数据报的生存时间。TTL 的初始值由源主机设置，一旦经过一个处理它的路由器，它的值就减去 1。可根据 TTL 值判断服务器是什么系统和经过的路由器。本例为 80，换算成十进制为 128，Windows 操作系统 TTL 初始值一般为 128，UNIX 操作系统初始值为 255，本例表示两个机器在同一网段且操作系统为 Windows。

8 位协议：表示协议类型，6 表示传输层是 TCP 协议。

16 位首部检验和：当收到一份 IP 数据报后，同样对首部中每个 16 位进行二进制反码的求和。由于接收方在计算过程中包含了发送方存在首部中的检验和，因此，如果首部在传输过程中没有发生任何差错，那么接收方计算的结果应该为全 1。如果结果不是全 1，即检验和错误，那么 IP 就丢弃收到的数据报。但是不生成差错报文，由上层去发现丢失的数据报并进行重传。

32 位源 IP 地址和 32 位目的 IP 地址：实际这是 IP 协议中核心的部分，但介绍这方面的文章非常多，本项目搭建的是一个最简单的网络结构，不涉及路由，因此只做简单介绍，相关知识请参阅其他文章。32 位的 IP 地址由一个网络 ID 和一个主机 ID 组成。本例源 IP 地址为 C0 A8 71 D0，转换为十进制为 192.168.113.208；目的 IP 地址为 C0 A8 71 01，转换为十进制为 192.168.113.1。网络地址为 192.168.113，主机地址分别为 1 和 208，它们的网络地址是相同的所以在一个网段内，这样数据在传送过程中可直接到达。

模块二 TCP 报文传输分析

一、教学目标

了解传输控制协议 TCP 的工作原理，通过分析截获 TCP 报文首部信息，理解首部中的序号、确认号等字段是 TCP 可靠连接的基础。通过分析 TCP 连接的三次握手建立和释放过程，理解 TCP 连接建立和释放机制。

二、工作任务

（1）学习 TCP 协议工作的基本原理。

（2）在模块一的基础上，进行 TCP 协议头信息的分析。

三、理论知识

（一）传输控制协议 TCP

传输控制协议 TCP （Transmission Control Protocol）是 TCP/IP 协议堆中的一部分。消息在网络内部或者网络之间传递时要打包，TCP 负责把来自高层协议的数据装配成标准的数据包，相当于在数据包上贴包装清单，而 IP 则相当于在数据包上贴收、发人的姓名和地址，TCP 和 IP 之间要进行相互通信才能完成数据的传输。TCP/IP 协议中的 IP 主要负责在计算机之间搬运数据包，而 TCP 主要负责传输数据的正确性。TCP/IP 有三个主要的特性：功能丰富、开放性和普遍性。随着新的网络服务的不断出现，TCP/IP 协议也在不断修改和扩充。

TCP 是传输层上的协议，该协议定义在 RFC 793、RFC 1122、RFC 1323 和 RFC 2001 文件中。目前，TCP 协议比 UDP 协议用得更广泛也更复杂。

TCP 是面向连接的协议。面向连接的意思是在一个应用程序开始传送数据到另一个应用程序之前，它们之间必须相互沟通，也就是它们之间需要相互传送一些必要的参数，以确保数据的正确传送。

TCP 是全双工的协议。全双工（full duplex）的意思是，如果在主机 A 和主机 B 之间有连接，A 可向 B 传送数据，而 B 也可向 A 传送数据。TCP 也是点对点的传输协议，但不支持多目标广播。TCP 连接一旦建立，应用程序就不断地把数据送到 TCP 发送缓存（TCP send buffer）。如图 7-8 所示，TCP 就把数据流分成一块一块（chunk），再装上 TCP 协议标题（TCP header）以形成 TCP 消息段（TCP segment）。这些消息段封装成 IP 数据包（IP datagram）之后发送到网络上。当对方接收到消息段之后就把它存放到 TCP 接收缓存（TCP receive buffer）中，应用程序就不断地从这个缓存中读取数据。

图 7-8　TCP 发送和接收缓存

TCP 为应用层和网络层上的 IP 提供许多服务，其中三个最重要的服务如下：

（1）可靠地传输消息：为应用层提供可靠的面向连接服务，确保发送端发出的消息能够被接收端正确无误地接收到。接收端的应用程序确信从 TCP 接收缓存中读出的数据是否正确是通过检查传送的序列号（sequence number）、确认（acknowledgement）和出错重传（retransmission）等措施给予保证的。

（2）过程控制：连接双方的主机都给 TCP 连接分配了一定数量的缓存。每当进行一次 TCP 连接时，接收方主机只允许发送端主机发送的数据不大于缓存空间的大小。如果没有流程控制，发送端主机就可能以比接收端主机快得多的速度发送数据，使得接收端的缓存出现溢出。

（3）拥塞控制：TCP 保证每次 TCP 连接不过分加重路由器的负担。当网络上的链路出现拥挤时，经过这个链路的 TCP 连接将自身调节以减缓拥挤。

（二）TCP 分段的格式

如前所述，TCP 递给 IP 的数据块叫做消息段（segment）。这个消息段由 TCP 协议标题域（TCP header field）和存放应用程序的数据域（header fields）组成，如图 7-9 所示。

图 7-9　TCP 协议标题的结构

TCP 协议标题由很多域组成，现简单介绍几个比较重要的域。

（1）源端端口号（Source Port Number）域和目的地端口号（Destination Port Number）域：前者的 16 位域用来识别本机 TCP；后者的 16 位域用来识别远程机器的 TCP。

（2）顺序号（sequence number）域和确认号（acknowledgment number）域：这两个域是 TCP 标题中两个最重要的域。32 位的顺序号域用来指示当前数据块在整个消息中的位置，而 32 位的确认号域用来指示下一个数据块顺序号，也可间接表示最后接收到的数据块顺序号。顺序号域和确认号域由 TCP 收发两端主机在执行可靠数据传输时使用。

在介绍顺序号（sequence number）和确认号（acknowledgement number）之前，首先要介绍 TCP 最大消息段大小（maximum segment size，MSS）的概念。在建立 TCP 连接期间，源端主机和终端主机都可能宣告最大消息段大小 MSS 和一个用于连接的最小消息段大小。如果有一端没有宣告 MSS，就使用预先约定的字节数（如 1500，536 或者 512 字节）。当 TCP 发送长文件时，就把这个文件分割成许多按照特定结构组织的数据块（chunk），除了最后一个数据块小于 MSS 外，其余的数据块大小都等于 MSS。在交互应用的情况下，消息段通常小于 MSS，像 Telnet 那样的远程登录应用中，TCP 消息段中的数据域通常仅有一个字节。

在 TCP 数据流中的每个字节都编有号码。例如，一个 106 字节长的文件，假设 MSS 为 103 字节，第一个字节的顺序号定义为 0，如图 7-10 所示。

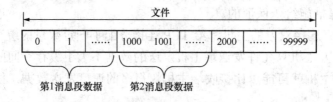

图 7-10　TCP 顺序号和确认号

顺序号就是消息段的段号，段号是分配给该段中第一个字节的编号。例如，第 1 个消息段的段号为 0，它的顺序号就是 0；第 2 个消息段的段号为 1000，顺序号就为 1000；第 3 个为 2000，顺序号为 2000；……依次类推。

确认号（Acknowledgement Number）是终端机正在等待的字节号。在这个例子中，当终端机接收到包含字节 0~999 的第 1 个消息段之后，就回送一个第 2 消息段数据的第 1 个字节编号（本例中为 1000），这个字节编号就叫做确认号，本例中的确认号就是 1000。依次类推。

（3）检查和（Checksum）域，它的功能和计算方法同 UDP 中的检查和。

（4）标志（flag）域：它有 6 位标志位，（Urgent Pointer，URG）标志用来表示消息段中的数据已经被发送端的高层软件标为"urgent（紧急数据）"，然后由另外的紧急数据指针（Urgent Data Pointer）域指定紧急数据的位置，在遇到这种情况时 TCP 就必须通知接收端的高层软件；确认（Acknowledgment，ACK）标志用来表示确认号（Acknowledgment Number）的值是有效的；PSH（Push）功能标志等于 1 时接收端应该把数据立即送到高层；RST（Reset）标志等于 1 时表示 TCP 连接要重新建立；SYN（Synchronize）标志等于 1 时表示连接时要与顺序号同步；FIN 标志等于 1 时表示数据已发送完毕。

（5）窗口大小（Window Size）域：16 位的窗口域用于数据流的控制。域中的值表示接收端主机可接收多少数据块。对每个 TCP 连接主机都要设置一个接收缓存，当主机从 TCP 连接中接收到正确数据时就把它放在接收缓存中，相关的应用程序就从缓存中读出数据。但有可能当从 TCP 连接来的数据到达时操作系统正在执行其他任务，应用程序就来不及读这些数据，这就很可能会使接收缓存溢出。因此，为了减少这种可能性的出现，接收端必须告诉发送端它有多少缓存空间可利用，TCP 就是借助它来提供数据流的控制，这就是设置 TCP 接收窗口大小的目的。收发双方的应用程序可以经常变更 TCP 接收缓存大小的设置，也可以简单地使用预先设定的数值，这个值通常是 2～64 KB。

（6）标题长度（length）域：4 位标题长度域用来说明 TCP 标题的长度，单位是 32 位组成的字的数目。由于 TCP 选择域（option）是可选的，所以 TCP 标题的长度是可变的。这个域通常是空的，因此该域中的值通常是 5，标题的长度合计 20 个字节。

（三）端口和套接字

在客户机/服务机（client/server）运行模式中，一端的主机叫做客户机，另一端的主机叫做服务机。一台服务机可以同时运行同一应用程序的几个进程，例如服务机上的 FTP 服务软件可以同时给几个客户传送文件，对每个客户至少要调用一个 FTP 服务软件的进程。同样，一个客户可以同时与几台不同的主机进行远程对话，对每个不同的主机，客户软件至少要调用一个远程客户软件的进程。因此，对联网计算机上的进程就需要相互联系的端口号来递送 IP 信息包。

在因特网上，所有使用 TCP 或者 UDP 协议的应用程序都有一个标识协议本身的永久性端口号（port number）。例如，我们在设置 Web 浏览器或者 FTP 文件传输程序时会经常遇到的端口号：HTTP 的端口号＝80，FTP 的端口号＝21，电子邮件协议 SMTP 的端口号＝25，Telnet 的端口号＝23。这些就是众所周知的端口号（well-known port number）。端口号的分配定义在 RFC 1700 中，并在 1994 年成为一个标准，标准号是 STD0002。可供 TCP 使用的端口号共计 65 535 个。一般来说，大于 255 的端口号由本地的机器使用，小于 255 的端口号用于频繁使用的进程，0 和 255 是保留端口号。

收发两端的传输层 TCP 之间的通信由两个号码的组合来鉴别，一个是机器的 IP 地址，另一个是 TCP 软件使用的端口号，这两个号码组合在一起就叫做套接标识符（socket）或者叫做套接号，而且收发双方都需要有套接标识符。因为在互联网上机器的 IP 地址是唯一的，而对单台机器的端口号也是唯一的，因此套接标识符在互联网上也是唯一的，这就可通过套接标识符使互联网络上的进程之间相互通信。互联网上收发两端的进程之间的通信建立过程如图7-11所示。

（四）TCP连接的实现

TCP连接不是端对端的TDM或者FDM线路连接，因为收发端之间的路由器并不维持TCP连接的任何状态，TCP连接状态完全是留驻在收发两端的主机中。现在让我们来分析TCP连接建立的过程。

假设主机A想与主机B建立TCP连接，主机A就发送一个特殊的TCP"连接请求消息段（connection request segment）"给主机B，这个消息段封装在IP数据包中，然后发送到因特网。主机B接收到这个消息段之后就分配接收缓存和发送缓存给这个TCP连接，然后就给主机A回送一个"允许连接消息段（connection-granted segment）"。主机A接收到这个回送消息段之后也分配接收缓存和发送缓存，然后就给主机B回送"确认消息段（acknowledgement segment）"，这时主机A和主机B之间就建立了TCP连接，它们就可在这个连接上相互传送数据。由于主机A和主机B之间连接要连续交换三次消息，因此把这种TCP连接建立的方法称为三向沟通（three-way handshake）连接法，如图7-12所示。在三向沟通期间，完成分配收发缓存、分配发送端端口号和接收端端口号等工作。

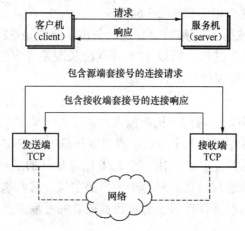

图7-11 使用套接标识符建立虚拟线路连接

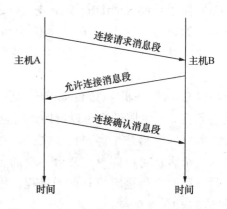

图7-12 TCP连接使用三向沟通连接法

（五）TCP可靠传输的实现

TCP可靠传输的实现主要依靠确认和重传技术，假设主机A和主机B之间有一个TCP连接，当主机A发送一个包含数据的消息段时，它启动一个定时器后就等待主机B对这个消息段的响应。主机A在发送消息段之后期待在一定的时间范围里接收到B的响应，这个期待的时间称为传输等待时间（timeout）。如果在等待时间之内没有接收到确认消息段，主机A就重发包含数据的消息段。这个过程如图7-13所示。

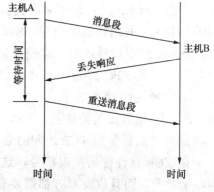

图7-13 确认和重传

当主机 B 接收到一个消息段时，延迟若干分之一秒（通常 200 ms）之后就回送一个确认消息段。如果主机 B 接收到的消息段是无顺序的，TCP 执行软件会重新整理使数据流符合主机 A 的发送顺序，它也会去掉重复的消息段。

四、相关实践知识

1. 数据传输

（1）在模块一"IP 数据报传输分析"对测试软件 IRIS 的应用基础上，进行 TCP 协议头信息的分析。图 7-14 显示的是 57～60 行的数据。

No.	Time (h:m:s:ms)	MAC source addr	MAC dest. addr	Frame	Protocol	Addr. IP src	Addr. IP dest	Port src
57	16:9:35:479	00:90:27:F6:54:53	00:50:FC:22:C7:8E	IP	TCP	192.168.113.1	192.168.113.208	1057
58	16:9:35:479	00:50:FC:22:C7:8E	00:90:27:F6:54:53	IP	TCP	192.168.113.208	192.168.113.1	1066
59	16:9:35:479	00:90:27:F6:54:53	00:50:FC:22:C7:8E	IP	TCP	192.168.113.1	192.168.113.208	1057
60	16:9:35:479	00:50:FC:22:C7:8E	00:90:27:F6:54:53	IP	TCP	192.168.113.208	192.168.113.1	1066

图 7-14　57～60 行的数据

（2）解释数据包。这四行数据是数据传输过程中一个发送一个接收的过程。

TCP 提供一种面向连接的、可靠的字节流服务。当接收端收到来自发送端的信息时，接收端要发送一条应答信息，表示收到此信息。数据传送时被 TCP 分割成认为最适合发送的数据块。一般以太网在传送时 TCP 将数据分为 1460 字节。也就是说数据在发送方被分成一块一块的发送，接收端收到这些数据后再将它们组合在一起。

57 行显示 1 号机给 208 号机发送了大小为 1514 字节大小的数据，注意前文讲过数据发送时是层层加协议头的，1514 字节=14 字节以太网头 + 20 字节 IP 头 + 20 字节 TCP 头+ 1460 字节数据。

58 行显示的应答信号 ACK 为 1781514222，这个数是 57 行得 SEQ 序号 1781512762 加上传送的数据 1460，208 号机将这个应答信号发给 1 号机说明已收到发来的数据。

59 和 60 行显示的是继续传送数据的过程。

（3）头信息。图 7-15 显示的是 57 行和 58 行的头信息。

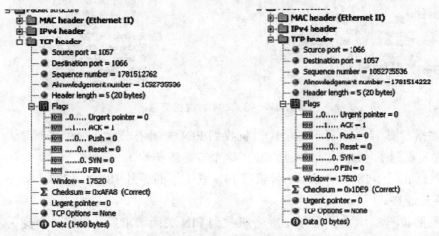

图 7-15　57 行和 58 行的头信息

99

2. 终止连接

（1）图 7-16 显示的是 93～96 行的数据。

No.	Time (h:m:s:ms)	MAC source addr	MAC dest. addr	Frame	Protocol	Addr. IP src	Addr. IP dest	Port src
88	16:9:35:579	00:50:FC:22:C7:8E	00:90:27:F6:54:53	IP	TCP	192.168.113.208	192.168.113.1	1066
89	16:9:35:579	00:90:27:F6:54:53	00:50:FC:22:C7:8E	IP	TCP	192.168.113.1	192.168.113.208	1057
90	16:9:35:659	00:50:FC:22:C7:8E	00:90:27:F6:54:53	IP	TCP-> FTP	192.168.113.208	192.168.113.1	1064
91	16:9:35:659	00:90:27:F6:54:53	00:50:FC:22:C7:8E	IP	TCP-> FTP	192.168.113.1	192.168.113.208	21
92	16:9:35:859	00:50:FC:22:C7:8E	00:90:27:F6:54:53	IP	TCP-> FTP	192.168.113.208	192.168.113.1	1064
93	16:9:41:017	00:50:FC:22:C7:8E	00:90:27:F6:54:53	IP	TCP-> FTP	192.168.113.208	192.168.113.1	1064
94	16:9:41:017	00:90:27:F6:54:53	00:50:FC:22:C7:8E	IP	TCP-> FTP	192.168.113.1	192.168.113.208	21
95	16:9:41:017	00:90:27:F6:54:53	00:50:FC:22:C7:8E	IP	TCP-> FTP	192.168.113.1	192.168.113.208	21
96	16:9:41:017	00:50:FC:22:C7:8E	00:90:27:F6:54:53	IP	TCP-> FTP	192.168.113.208	192.168.113.1	1064

图 7-16　93～96 行的数据

（2）解释数据包。93～96 是两机通信完关闭的过程。

建立一个连接需要三次握手，而终止一个连接要经过四次握手。这是因为一个 TCP 连接是全双工（即数据在两个方向上能同时传递），每个方向必须单独地进行关闭。四次握手实际上就是双方单独关闭的过程。

本项目文件下载完后，关闭浏览器终止了与服务器的连接，图 7-16 的 93～96 行显示的就是终止连接所经过四次握手过程。

93 行数据显示的是关闭浏览器后，如图 7-17 中左列所示 208 号机将 FIN 置 1 连同序号（SEQ）987695574 发给 1 号机请求终止连接。

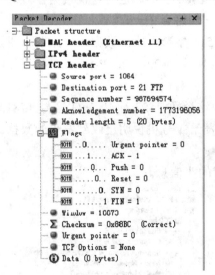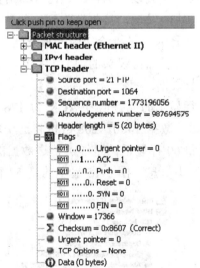

图 7-17　93 和 94 行数据信息

94 行数据和图 7-17 中右列显示 1 号机收到 FIN 关闭请求后，发回一个确认，并将应答信号设置为收到序号加 1，这样就终止了这个方向的传输。

95 行数据和图 7-18 左列显示 1 号机将 FIN 置 1 连同序号（SEQ）1773196056 发给 208 号机请求终止连接。

96 行数据和图 7-18 右列显示 208 号机收到 FIN 关闭请求后，发回一个确认，并将应答信号设置为收到序号加 1，至此 TCP 连接彻底关闭。

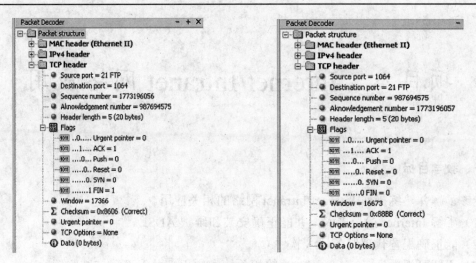

图 7-18 95 和 96 行数据信息

五、上机操作

按下述步骤进行：

（1）安装并熟悉 IRIS 软件；

（2）利用 IRIS 软件进行抓包；

（3）对数据包进行分析，并得出结论。

项目八　Internet/Intranet 网络应用

一、教学目标

能够了解并熟练操作 Internet/Intranet 网络的相关应用。

（1）了解 Internet 拨号接入，并能正确安装和维护 ADSL。

（2）能正确配置代理服务器（软件）。

（3）了解可视电话（Netmeeting）的相关技术知识，并能正确安装配置。

二、工作任务

（1）学习安装和维护 ADSL。

（2）学习配置代理服务器。

（3）学习可视电话技术并安装配置。

模块一　Internet 拨号接入（ADSL）

一、教学目标

了解 ADSL 的工作原理，能在不同操作系统下熟练安装 ADSL 拨号软件，同时了解常见故障及处理办法，能够进行日常维护。

二、工作任务

（1）学习 ADSL 工作原理。

（2）学习 ADSL 在不同操作系统下的安装。

（3）学习 ADSL 常见的故障及处理办法。

三、理论知识

（一）ADSL 基本概念

ADSL（Asymmetric Digital Subscriber Line）是非对称数字线路的缩写，是一种通过现有普通电话线为家庭、办公室提供宽带数据传输服务的技术。ADSL 是非对称数字信号传送，它能够在现有的铜双绞线，即普通电话线上提供高达 8Mb/s 的高速下行速率，而上行速率有 2Mb/s，传输距离达 3～5km。ADSL 充分利用现有的电话网络，在线路两端加装 ADSL 设备即可为用户提供高带宽服务。ADSL 可以与普通电话共存于一条电话线上，在一条普通电话线上接听、拨打电话的同时进行高速数字信号的传输而又互不影响。

（二）ADSL 工作原理

1. 线路频谱

ADSL 充分利用了双绞铜线的频谱，整个频谱分为三部分：

（1）传统话音业务频段，约为 4kHz 带宽；

（2）ADSL 上行双工低速信道，位于话音频谱之上；

（3）ADSL 下行单工高速信道，位于高频部分。

在回波抵消 ADSL 系统中，下行信道与上行信道有重叠（主要是利用低频部分信号衰减小的特点）。与频分复用技术相比，回波抵消技术消除了因频率叠加所带来的干涉（如近端串音），因而可使 ADSL 系统在性能指标上有较大的提高。但相对而言，回波抵消技术难度更大，硬件集成度要求也更高。

2. 线路编码

ADSL 线路传输技术主要有正交幅度调制（QAM）、无载波幅度相位调制（CAP）和离散多音频（DMT）三种。与 QAM 和 CAP 技术相比，DMT 技术具有许多优势，更易实现 6Mb/s 以上的传输速率。ANSIT1.413 标准中规定，DMT 技术为首选技术。

DMT 是一种多载波调制技术，它把整个频带分成 256 个子信道。预先发送一个训练序列，以测得每个子信道的特性（信噪比），根据子信道发送数据的能力，分配 1～11bit 信号给各子信道，不能发送数据的子信道关闭。使那些受串音和射频载波干扰的环路能得到好的性能，整个系统能自适应地分配数据。

DMT 系统可看作是一组持续并行的 QAM 系统，每个 QAM 载波频率对应于一个 DMT 子信道频率。多载波调制（解调）需要对不同的子信道之间进行正交调制，通过快速傅里叶变换（FFT）实现。由于每个子信道的电缆特性都接近线性变化，其脉冲噪声产生的影响最小。脉冲噪声的能量会影响接收到的字符，但 FFT 将其分散到 FFT 窗口内的许多子信道，因而产生误码的可能性很小。

（三）ADSL 的主要特点和典型应用

1. ADSL 主要技术特点

（1）ADSL 技术采用了适合用户数据接入业务的不对称传输结构，可为用户提供高速的传输通道。

（2）ADSL 接入系统采用了先进的线路编码和调制技术，具有较好的用户线路适应能力。

（3）ADSL 接入系统可同时支持话音和数据业务，并将数据和话音流量在网络结构的接入段实现分离。

（4）ADSL 接入系统可充分利用现有市话网络中大量的铜缆资源，并可与光纤接入网中的光缆铺设计划协调发展，从而为用户提供高质量的数据接入服务。

2. ADSL 典型应用

（1）Internet 高速接入的服务。

（2）多种宽带多媒体服务，如视频点播 VOD、网上音乐厅、网上剧场、网上游戏、网络电视等。

（3）基于 ATM 或 IP 的 VPN（虚拟专用网）服务。

（4）提供点对点的远地可视会议、远程医疗，远程教学等服务。

四、相关实践知识

（一）ADSL 安装流程

营业受理——配线打单——机房预开——外线回单。

（二）ADSL 硬件安装

1. ADSL 的接入模型

ADSL 的接入模型主要由中央交换局端模块和远端模块组成。中央交换局端模块包括在中心位置的 ADSL Modem 和接入多路复合系统，处于中心位置的 ADSL Modem 被称为 ATU-C（ADSL Transmission Unit-Central）。接入多路复合系统中心 Modem 通常被组合成一个被称作接入节点，也被称作"DSLAM"（DSL Access Multiplexer），如图 8-1所示。

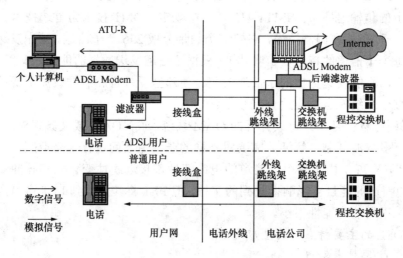

图 8-1　ADSL 的接入模型

2. ADSL 各主件的基本情况

（1）承载电话。每条 ADSL 专线必须依附在一条普通电话线上，这个电话就叫承载电话。

（2）网卡（NIC）。如图 8-2 所示，网卡是使计算机连接到网络，并与网络中其他计算机相互通信的设备。

（3）ADSL Modem。如图 8-3 所示，Modem 又称调制解调器，其功能是实现模拟信号与数字信号之间的转换。在普通电话线上传输的都是模拟信号，Modem 将电话线上传输的模拟信号转换成计算机能识别的数字信号，同时又将计算机发出的数字信号转换成模拟信号通过电话线发送出去。

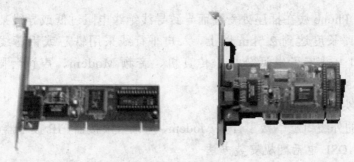

图 8-2 网卡

（4）分离器。如图 8-4 所示，分离器的作用是将 ADSL 所使用的高频信号与普通市话所使用的低频信号分离开来，有分机的用户应在电话线经分离器之后再作并接。

图 8-3 ADSL Modem   图 8-4 分离器

（5）电缆。双绞线：是将两条绝缘的铜线以一定的规律相互缠绕在一起，这样可以有效地抵御外界的电磁场干扰。

（6）平行线。两根导线的相对位置不变，抗干扰能力差。入户平行线超过 20m 的用户，要把平行线先换成双绞线。

（7）网线。由四对双绞线和两个 RJ45 的水晶头组成。

3. 正确的连接

分离器之前不可接分机、防盗器等，如有分机，应接在分离器之后。图 8-5 为 Modem和分离器（即滤波器）的正确连接方法。

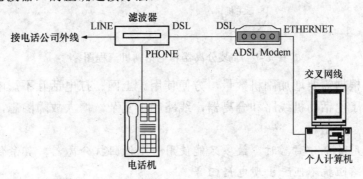

图 8-5 Modem 和分离器（滤波器）的连接方法

入户线的常见问题如下：

（1）DSL 和 Phone 线没有用绝缘胶带包好，导致随外力碰触而偶尔短路。

（2）DSL 和 Phone 线在插座处受潮而导致导线绝缘电阻过低或导线某一根线碰地。

（3）用户线路长度达到 2.5km 以上，入户平行线采用铁芯或铝芯线长度超过 20m。分离器的外线口上并接了电话分机、传真机、音频 Modem、声讯台限拨器、IP 拨号器等。

（4）线路插头与插座接触不良。

（5）分离器的外线口上串接了音频 Modem、声讯台限拨器、IP 拨号器、电话防盗器等。

4．正确的 ADSL 电话副机安装方法

（1）简单安装。简单安装的流程如图 8-6 所示。

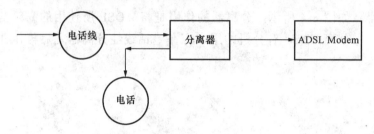

图 8-6　简单安装流程图

优点：线路简洁，使用电话和上网互不影响，故障少，易于维护。

缺点：电话无副机，不方便就近使用（可使用无绳电话机）。

（2）加装分离器和电话副机。加装分离器和电话副机的流程如图 8-7 所示。

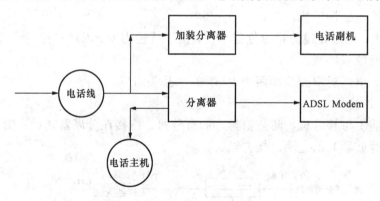

图 8-7　加装分离器和电话副机流程图

优点：可以根据需要增加副机数量，方便使用。上网、打电话互不影响。

缺点：增加了电话副机线路和分离器，线路趋于复杂，增大故障隐患，不利于故障的排查。增加了设备费用。

注意：在使用多个分离器时，最多只能使用一个低阻抗分离器，其余使用高阻抗分离器，否则易因线路阻抗不匹配出现电话回音。

（3）通过分离器后加装电话副机。通过分离器后加装电话副机流程如图 8-8 所示。

优点：电话回路和 ADSL 回路在分离器处分离，互不影响，方便使用、维护。无需增设分离器，经济。如果是新装修房屋，可以将全部线路暗管敷设，美观、故障率低、使用寿命长。

缺点：如果是明线敷设，线路条数多，不美观。

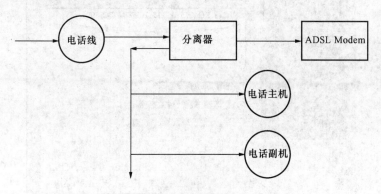

图 8-8　通过分离器后加装电话副机流程图

（三）ADSL 软件安装

目前提供的 ADSL 接入方式有专线入网方式和虚拟拨号入网方式。专线入网方式（即静态 IP 方式）由电信公司给用户分配固定的静态 IP 地址，这种方式上网相对要简单一些。虚拟拨号入网方式（即 PPPOE 拨号方式）并非拨电话号码，费用也与电话服务无关，而是用户输入账号、密码，通过身份验证获得一个动态的 IP 地址，用户需要在计算机里加装一个 PPPOE 拨号客户端的软件。

ADSL 上网的软件设置可分为以下几个步骤：

1．网卡的安装和设置

由于 ADSL 调制解调器是通过网卡和计算机相连的，所以在安装 ADSL Modem 前要先装网卡，网卡可以是 10M 网卡，也可以是 10/100M 自适应网卡。安装步骤如下（以 Windows 98 下安装 3COM EtherLink III PCMCIA 网卡为例）。

（1）插入网卡后重启系统，开机画面过后 Windows 会自动搜索到网卡，如图 8-9 所示。

图 8-9　搜索到网卡

（2）在设备列表中选择网卡类型，并根据系统提示插入驱动盘或光碟，如图 8-10 所示。

（3）安装完成后在控制面板的系统属性中出现 3COM Etherlink III 网卡，如图 8-11 所示。

（4）单击"属性"按钮，在"常规"选项中确认网卡工作正常没有跟其他硬件发生冲突。对于采用专线入网方式的用户，需在 TCP/IP 属性中设置 IP 地址、子网掩码、网关和 DNS 服务器地址；对于虚拟拨号用户，采用缺省的设置即可。

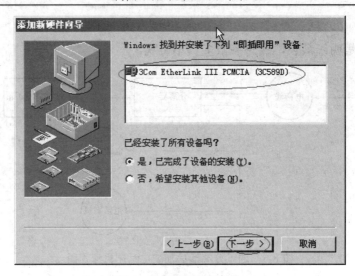

图 8-10　安装网卡驱动

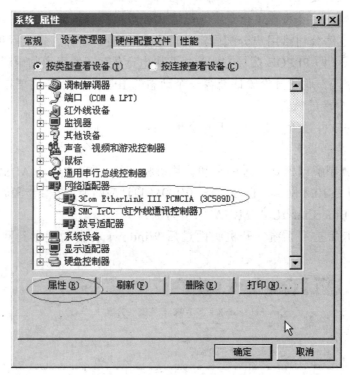

图 8-11　安装后显示网卡

2. 虚拟拨号软件的安装

PPPOE 拨号软件的种类很多，常见的有 Enternet 300（Enternet 100 Enternet 500）、WinPoET 和 RasPPPoE 三种，适用于 Windows 98、Windows 2000、Windows XP 等。

下面介绍 Enternet 300 的安装方法。

（1）Windows 95/98/ME 下的安装。进入安装软件目录，双击程序文件"setup.exe"，安装程序开始启动。

选"Quick Install"（accept default settings）选项，单击"Next"按钮并等待计算机自动安装 PPPOE 软件及驱动程序，如图 8-12 所示。

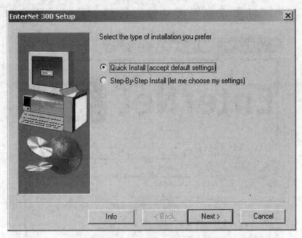

图 8-12 选择 Quick Install

在接下来的窗口选择"Yes"（重新启动）选项并单击"Finish"按钮。按照计算机提示重新启动计算机，完成 PPPOE 的软件安装。计算机重新启动后，选择并双击桌面上的"EnterNet 300"图标。在新窗口中选择"Create New Profile"图标并双击。输入 ADSL 拨号方式连接名，例如：ADSL，然后单击"下一步"按钮。在接下的窗口中输入正确的用户名和密码，密码需要输入两次，如图 8-13 所示。

图 8-13 用户名密码输入

继续按"下一步"按钮，转入下一窗口。单击"Finish Connection"窗口中的"完成"按钮，进入下一窗口。在"Profile-EnterNet 300"窗口中出现新图标"ADSL"，选择并双击此图标，打开 ADSL 连接。在拨号窗口中单击"Connect"按钮，建立 ADSL PPPOE 呼叫，如图 8-14 所示。

在弹出的"EnterNet 300 窗口"的"Messages"状态栏中开始显示"Beginning Negotiation"，表示正在尝试与服务器建立连接。然后状态栏中显示"Authenticating"，表示服务器正在验证。接着状态栏中显示"Receiving Network Parameters",表示正在获取 IP 等参数。最后整个"EnterNet 300"窗口消失,并在计算机屏幕右下角的 Windows 状态栏上出现两部计算机相连的图标表示已经成功建立连接。此时,用户可以上网了。

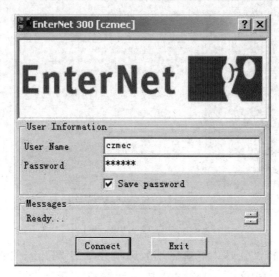

图 8-14 建立 ADSL PPPOE 呼叫

当用户希望断开网络连接,可以双击计算机屏幕右下角的 Windows 状态栏上的电脑连接图标,在出现的窗口中,单击"Disconnect"按钮便可。

(2)Windows 2000 下的安装。打开网上邻居,选择网卡上连接了 ADSL 设备的"本地连接",右击进入"属性"面板,选择"安装"→"协议",选择从"磁盘安装",然后定位到 PPPOE 软件所在的路径目录,最后单击"确定"按钮。安装过程中 Windows 2000 系统会多次提示"没有数字签名",可不用理会,安装完成重新启动以后,与在 Windows 98 上的安装步骤基本一样,这里不再重述。

(3)Windows XP 下的安装。Windows XP 已经集成了 PPPOE 协议,所以 ADSL 用户不需要安装任何其他 PPPOE 拨号软件,直接使用 Windows XP 的连接向导就可以建立自己的 ADSL 虚拟拨号连接。

安装好网卡驱动程序以后,选择"开始"→"程序"→"附件"→"通讯"→"新建连接向导"命令。出现"欢迎使用新建连接向导"画面,直接单击"下一步"按钮。然后默认选择"连接到 Internet",单击"下一步"按钮。选择"手动设置我的连接",再单击"下一步"按钮。选择"用要求用户名和密码的宽带连接来连接",单击"下一步"按钮。出现提示输入"ISP 名称",如图 8-15 所示。这里只是一个连接的名称,可以随便输入,例如:"ADSL",然后单击"下一步"按钮。

接下来选择此连接的是为任何用户所使用或仅为您自己所使用,直接单击"下一步"按钮。然后输入自己的 ADSL 账号(即用户名)和密码(一定要注意用户名和密码的格式和字母的大小写),如图 8-16 所示。根据向导的提示对这个上网连接进行 Windows XP 的其他一些安全方面设置,然后单击"下一步"按钮。

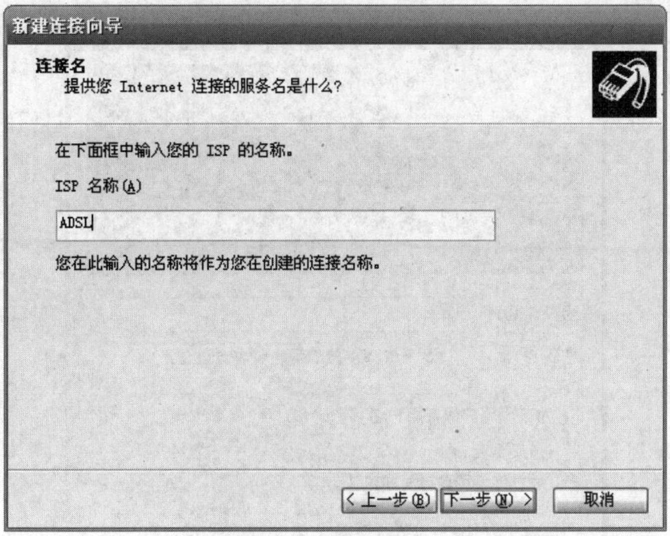

图 8-15　输入 ISP 名称

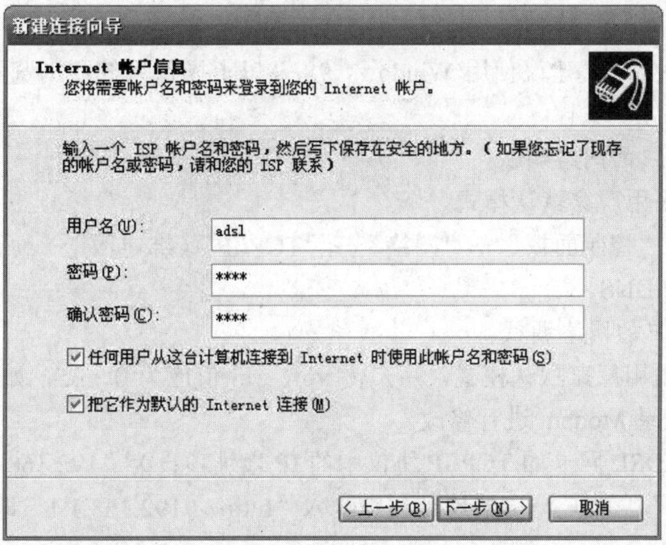

图 8-16　填写账号信息

至此 Windows XP 的 PPPOE 拨号设置就完成了。单击"完成"按钮后，会看到桌面上多了个名为"ADSL"的连接图标。如果确认用户名和密码正确以后，直接单击"连接"即可拨号上网，如图 8-17 所示。

成功连接后，会看到屏幕右下角有两台计算机连接的图标。

（四）用户端网络调试

1. 用户端的硬件要求

计算机：Intel 奔腾 III 以上及同档次 CPU 微机一台；ADSL 终端设备（Modem）一台；10M 或 10/100M 自适应网卡一块（USB 口 Modem 可免）；RJ45 网线一根（USB 口 Modem 可免）；RJ11 电话线一根。

图 8-17　连接 ADSL

用户端的软件要求：建议使用 Windows 98 及以上操作系统；浏览器建议使用 IE 4.0 以上，或 Netscape 4.0 以上。

2．静态 IP 用户的网络调试

（1）Modem 采用厂家默认模式。

（2）在计算机"控制面板"→"网络"→"TCP/IP"（绑定网卡）协议中设置 IP 地址、子网掩码、网关和 DNS。

3．PPPOE 用户的网络调试

（1）Modem 采用厂家默认模式。用户侧 vpi、vci 值应为 0、35，如果 Modem 默认值不为 0、35 必须登录 Modem 进行修改。

（2）将所用 ADSL 网卡的 TCP/IP 协议中的 IP 地址项设为"192.168.1.x"，子网掩码设为"255.255.255.0"，在 IE 浏览器地址栏中输入"http：//192.168.1.1"即可登录 Modem。（或参考说明书）

（3）动态分配 IP 的用户，可在拨号后，在 Msdos 窗口中输入 IPCONFIG，查看是否获取 IP 地址。

（4）使用 ping 命令来检验网络的连通性。（如：ping 202.98.198.168）

（5）最好将 DNS 服务器的地址设置在 TCP/IP 协议中，各个地方的服务器地址不同。

（6）用户名密码不能通过认证时，可请局端复位卡号。

（五）故障判断与处理

1．ADSL 故障的判断、分类和处理

（1）判定故障范围。由于 ADSL 故障涉及的范围较宽，涉及的设备也较多，因此需要判定故障的大致范围，用户方面故障包含两方面：

1）用户终端 Modem 故障，计算机配置、软件设置等故障；

2）用户线路质量问题，ADSL 端口问题。

（2）故障的处理方法。ADSL 连接涉及局端设备、用户线路、ADSL Modem 三个方面，如果物理连接正常，而不能上网还可能涉及用户计算机设置、局域网组网及网关设置、接入服务器、路由器等多个方面，可以通过对一些基本现象分析先将故障分段，参见表 8-1。

表 8-1　ADSL 常见故障及处理办法

故障现象	故障定位	故　障　原　因	处　理　办　法
Modem 上显示外线状态的灯不停地闪烁，不能处于绿色工作状态	1. 外线故障 2. Modem 的问题	1. 接分离器前接有电话分机、抽头、接头过多或接线盒质量差等 2. 电话线受到强干扰（电力线、变压箱、空调、日光灯） 3. 受天气影响导致电话线质量暂时变差。电话外线质量差或距离超长 4. 是 Modem 的散热问题，硬件插头接触不良的问题	1. 将电话分机接到分离器之后，去掉抽头、减少接头、更换好的接线盒。检查入户线质量 2. 将电话线绕开干扰源 3. 检查该端口的连接参数 4. 利用 112 测试外线，分析测试数据 5. 更换下户线、配线、主干线 6. 增强散热，将 Modem 放在通风的位置上
能上网，但是上网速率不稳定，经常断线			
通电后 Modem 的 Power 灯不亮	Modem 故障	1. 查看指示灯所反映的信息是否正确 2. 硬件故障 3. 电源问题 4. 线路协商问题	1. 检查指示灯所反映的故障信息是否已排除 2. 检查插头是否松动 3. 检查电源 4. 检查线路 5. 更换 Modem
Modem 的 ALM 灯长亮或外线状态灯不能处于绿色工作状态			
连接超时	1. Modem 的设置 2. 拨号软件	1. 同步是否正常 2. VCI、VPI 值是否填写正确 3. Modem 数据封装协议是否正确 4. 拨号软件不能绑定到局端的 DNS 服务器 5. 设备没连接正确 6. 线路问题 7. 拨号网络没有安装或没有正确安装；TCP/IP 没有安装或没有正确安装	1. 插拔 Modem 的电源让 Modem 重新启动，重新进行线路协商 2. 检查连线 3. 查线 4. 删除未安装完整的网络协议并对网络协议进行重新的安装；USB 的 ADSL Modem 必须同 TCP/IP 和拨号网络都做绑定 5. 多重启几次计算机
打不开网页	1. 用户端计算机的设置 2. 局端线路或设备问题	1. 浏览器原因 2. DNS 服务器地址设置问题	1. 更高版本的 IE 或用其他的浏览器，重新启动计算机 2. 在网卡的 TCP/IP 中设置 DNS；可在 IE 地址栏中输 IP 地址进行判断；使用代理软件的，要在代理软件中设置 DNS

续表

故障现象	故障定位	故 障 原 因	处 理 办 法
打不开网页	1. 用户端计算机的设置 2. 局端线路或设备问题	3. 局端 DNS 服务器可以找到但是工作不正常 4. 部分网站有问题 5. 浏览器设置问题 6. 用户局域网、网关没有设置正确	3. 多查看几个网站看有没有打不开的现象 4. 用 ping，tracert，ipconfig 和 route 等网络命令分析 5. 去掉浏览器中的代理设置 6. 网关的设置要和 Modem 的网段相对应，也可以使用自动获取网络 IP 设置
可以上网，不能打电话，但如果电话机直接接外线则可以打电话	分离器故障	分离器故障	更换分离器
Modem 上的 LAN 灯或者 1OBASE-T 指示灯状态不亮	网卡或网线故障	1. 网卡驱动程序故障 2. 网卡硬件故障 3. 网线故障	1. 重装网卡驱动程序 2. 更换网卡 3. 更换网线
认证失败，卡号和密码不能通过认证	卡号故障	1. 密码错 2. 由于非正常关机，卡号吊死 3. 已经绑定的卡号企图从非法端口登入	1. 重置密码 2. 复位卡号 3. 从正确的端口登入，或清除端口限制

（3）判定故障的常用命令如下：

1）winipcfg/ipconfig。运行在 MS-DOS 模式下，在 Windows 9x 中使用 Winipcfg 命令，在 Windows NT/Windows XP/Windows 2000 中使用 ipconfig 命令，用于显示当前网络适配器的 TCP/IP 协议配置情况、获取的 IP 地址等信息。ipconfig/all 还能显示网卡的 MAC 地址、网关、DNS 及其他更详细的信息，用这两个命令可检查 PPPOE 呼叫是否获取到 IP 地址。

2）ping。运行在 MS-DOS 模式下，用于测试网络是否已连通，格式为 ping IP 地址/域名。该命令可向指定的 IP 或域名主机发出探测包，如果有响应就说明本机与远端设备通路正常，如果回复 request timed out 表明连接超时，网络不通。

3）tracert。运行在 MS-DOS 模式下，tracert 命令可以跟踪到达指定 IP 或域名所经过的网络设备，并将它的 IP 和域名显示出来，可用于逐段判定网络的连通性。

4）route。运行在 MS-DOS 模式下，route print 显示当前计算机的路由信息，route add 用于手工添加路由信息。

2. ADSL 断流现象分析

网页打不开、下载中断、或者在线视、音频流中断，这些情况很多使用 ADSL 上网的用户都会遇到。但当仔细检查 ADSL Modem 的状态时，又会发现拨号登录已经成功。可从以下几个方面进行分析和处理。

（1）线路原因。线路距离过长（用户离局端 2.5km 以上）、线路质量差、连线不合理，是造成 ADSL 不能正常使用的原因。确保线路通信质量良好没有被干扰，没有连接其他会造成线路干扰的设备，例如电话分机、传真机等。并检查接线盒和水晶头有没有接触不良以及是否与其他电线串绕在一起。有条件最好用标准电话线，如果是符合 ITU 国际电信联盟标准的三类、五类或超五类双绞线更好。

（2）网卡问题。检查网卡，如果是 ISA 网卡最好能换成 PCI 的，并且选择质量好的网卡，太便宜的网卡可能是造成问题的罪魁祸首。10M 或 10M/100M 自适应网卡都可。另外，双网卡引起冲突同样值得关注，这时，应当拔起连接局域网或其他电脑的网卡，只用连接 ADSL 的网卡上网测试，如果故障恢复正常，检查两块网卡有没有冲突。

（3）ADSL Modem 或者网卡设置有误。最常见的是设置错了 ADSL Modem 的 IP 地址，或是错误设置了 DNS 服务器。因为对于 ADSL 虚拟拨号的用户来说，是不需要设定 IP 地址的，自动分配即可。TCP/IP 网关一般也不需要设置。另外如果设定 DNS 一定要设置正确，如果操作系统是 Windows 9x，在 DOS 窗口下键入 winipcfg 获取 DNS 地址，在 Windows 2000/XP 下键入 ipconfig/renew。TCP/IP 设置最容易引起不能浏览网页的情况，例如没有更改过设置，一直可以正常浏览，突然发现浏览不正常了，就可以试着删除 TCP/IP 协议后重新添加 TCP/IP 协议。

（4）ADSL Modem 同步异常。检查电话线和 ADSL 连接的地方是否接触不良，或者是电话线出现了问题。如果怀疑分离器坏或 ADSL Modem 坏，尝试不使用分离器而直接将外线接入 ADSL Modem。如果确定是分离器没有问题，要保证分离器与 ADSL Modem 的连线不应该过长，太长的话同步很困难。如果排除上述情况，只要重启 ADSL Modem 就可以解决同步问题。

（5）操作系统有缺陷。有的操作系统可能对 ADSL 的相关组件存在兼容性问题，以 Windows 98 为例，它的网络组件存在缺陷，联网时会出现莫名其妙的断流问题。遇到这种情况最好的解决方法是给系统打补丁，可以直接访问微软的官方网站，选择系统搜索到的补丁下载。待补丁安装完成后，再安装虚拟拨号软件打补丁解决。

（6）拨号软件互扰。ADSL 接入 Internet 的方式有虚拟拨号和专线接入两种。而 PPPOE（Point-to-Point Protocol Over Ethernet 以太网上的点对点协议）虚拟拨号软件都有各自的优缺点。经过多方在不同操作系统的测试，如果使用的操作系统是 Windows XP，推荐用它自带 PPPOE 拨号软件，断流现象较少，稳定性也相对提高。如果使用的是 Windows ME 或 9x，可以用以下几种虚拟拨号软件——EnterNet、WinPoET、RasPPPoE。EnterNet 300 适用于 Windows 9x；EnterNet 500 适用于 Windows 2000/XP。当使用一个 PPPOE 拨号软件有问题时，不妨卸载这个软件后换用一个其他的 PPPOE 拨号软件，务必注意不要同时装多个 PPPOE 软件，以免造成冲突。

（7）其他软件冲突。卸载有可能引起断流的软件，某些软件偶然会造成上网断流。许多情况下卸载后就发现断流问题解决了，当发现打开某些软件就有断流现象，关闭该软件就一切正常时，可尝试卸载该软件。

（8）病毒攻击和防火墙软件设置不当。虽然受到黑客和病毒的攻击可能性较小，但也不排除可能性。病毒如果破坏了 ADSL 相关组件也会有发生断流现象。建议安装相关的网络防火墙，它们可以实时监控计算机和网络的通信情况，并警告提示莫名的网络访问方式，有效降低受攻击的危险性。如果能确定受到病毒的破坏和攻击，还发生断流现象时就应该检查安装的防火墙、共享上网的代理服务器软件、上网加速软件等，停止运行这类软件后，再上网测试，检查速度是否恢复正常。

模块二　代理服务器（软件）

一、教学目标

（1）掌握代理服务器的安装和工作过程。
（2）掌握代理服务器软件的常规设置方法。
（3）熟练掌握使用代理服务器软件 CCProxy 对网络进行配置。

二、工作任务

使用代理服务器软件 CCProxy 对网络进行配置。

三、相关实践知识

代理服务器可以应用于局域网内共享 ADSL、宽带、专线、ISDN、普通拨号 Modem、Cable Modem、双网卡、卫星、蓝牙、内部电话拨号和二级代理等任何网络接入方式共享上网。目前能做到，只要局域网内有一台机器能够上网，其他机器就可以通过这台机器上安装的代理服务器软件来共享上网，最大限度地减少了硬件投入和上网费用，并能进行强大的客户端服务管理。

通过代理服务器可以浏览网页、下载文件、收发电子邮件、网络游戏、股票投资、QQ联络等，网页缓冲功能还能提高低速网络的网页浏览速度。代理服务器软件在实现共享上网的同时，还提供了强大的管理功能，这些功能包括以下几点。

（1）控制局域网用户的上网权限。有多种控制方式，例如 IP 地址、IP 段、MAC 地址、用户名/密码、IP＋用户名/密码、MAC＋用户名/密码、IP＋MAC，并且支持多种方式任意组合、混合控制。

（2）能控制用户的上网时段。可以使有些用户在规定时间上网（可以精确到每星期、每一天、每一小时、每一分钟），在规定时间玩游戏、听音乐，在规定时间收发邮件，而同时又可以让有些用户能全天候上网。

（3）能对不同用户开放不同的上网功能。可以使有些用户只能浏览网页，有些用户只能收发邮件，而同时有些用户则能使用所有上网功能。

（4）可以给不同用户分配不同带宽，控制其上网速度和所占用的带宽资源，可以有效地控制有些用户因为下载文件而影响其他用户上网的现象，还可以统计每个用户每天的网络总流量。

（5）可以给不同用户设置网站过滤，特别可以保护青少年远离不健康网站。

（6）可以只允许用户上规定的网站，特别适合管理严格的企业。

（7）同时强大的日志功能可以有效监控局域网上网记录。

本章以代理服务器软件 CCProxy 为例，详细介绍了软件的安装、配置和使用过程，为普通用户使用代理服务器提供了详细的方法。

（一）代理服务器 CCProxy 安装

从 http：//www.youngzsoft.com 下载最新的 CCProxy 软件。注意软件有版本号和发布日期，应确保版本号和发布日期都是最新的。

如果在启动时没有出现任何错误信息，那么安装成功，就可以按照以下步骤来设置客户端实现共享上网。否则可以按照下面的方法检查并解除错误：

1. DNS 启动失败

（1）服务器上安装了其他代理服务器软件。这时需要停用其他代理服务器。

（2）服务器缺省安装了 Windows 自带的 DNS 服务器。这种情况一般多发生在 Windows 2000 上。因为 Windows 2000 已经自动安装了 DNS 服务器，无需使用 CCProxy 的 DNS 服务，可以取消 CCProxy 的 DNS 代理：选择"设置"→取消"DNS"选项。

（3）如果无需使用 SOCKS v4 代理（这是一种老代理协议，已经很少使用了），可以取消 CCProxy 的 DNS 代理：选择"设置"→取消"DNS"选项。只有这个代理需要 DNS 服务。

2. 邮件代理启动失败

（1）如果安装了可以防止 E-mail 病毒的杀毒软件，可能会造成 110（POP3）端口冲突，这时需要停用该软件的邮件杀毒功能。虽然 CCProxy 提供了修改 POP3 端口的功能，但是不建议这样做，因为会导致大量客户端程序跟着修改端口。建议使用优秀的杀毒软件。

（2）如果安装了其他代理服务器软件，可能会造成 110（POP3），25（SMTP）端口冲突。因为有些代理服务器可能也具备邮件代理功能。这种情况下，需要停止这些代理服务器中的邮件代理功能。

（3）如果安装了防火墙程序，也可能会造成端口冲突。需要开放 25（SMTP）、110（POP3）、53（DNS）、80（HTTP）、8011（Admin）、5353（MX）端口。

（4）如果安装了邮件服务器程序，也会造成端口冲突。原因是很明显的，都用了相同的端口。必须停止这些邮件服务器才能使 CCProxy 运行正常。

（5）如果能确认其他软件也能完成邮件代理功能（如我们开发的另一个邮件服务器软件 CMailServer），那么可以不必再用 CCProxy 的邮件代理了，从"设置"里取消"邮件代理"即可。

一个很简单的测试本机是否安装了其他跟邮件有关的软件的方法：在命令行方式下，输入命令 telnet 127.0.0.1 110 或者 telnet 127.0.0.1 25，就可以根据看到相应的提示信息判断出跟哪个软件有关。

3. 新闻代理服务启动失败

（1）服务器上安装了其他代理服务器软件。这时需要停用其他代理服务器。

（2）服务器上安装了微软的 NNTP Service，这时需要停用 NNTP 服务。

（3）选择"控制面板"→"添加/删除程序"→"添加/删除 Windows 组件"→"Internet 信息服务（IIS）"→NNTP Service，取消 NNTP 服务。

4. SOCKS 或者 HTTP 等代理启动失败

出现这种问题，主要是因为计算机已经安装了其他网络相关软件，造成端口冲突。

（1）可以试着停止某些正在运行的软件，看是否有影响。

（2）进入 CCProxy 设置界面，修改相应协议的端口。一般可以在原端口上加 1。如 SOCKS 代理的端口缺省值是 1080，可以试着改成 1081，看是否还有冲突。没有冲突了则可以提供服务，但要记住，客户端也必须跟着修改相同的端口。

5. 其他需要注意的事项

（1）要注意服务器上是否安装过其他代理服务器软件，由于某些默认端口是相同的，很容易造成冲突。建议在安装前将其反安装，因为有时停止不一定有效，有些代理服务器软件是作为 NT 服务方式运行的（关闭服务后，机器重启后又会自动运行）。同样客户端如果安装了某些代理服务器软件的客户端，也需要反安装，否则会影响客户端与代理服务器的通信。

（2）要注意服务器上杀毒软件、防火墙软件的配置和使用。如果使用不当，就很可能影响 CCProxy 对互联网的访问和客户端对 CCProxy 的连接。推荐使用 Norton 杀毒软件（及其防火墙），经实际测试和使用，CCProxy 和 Norton 可以保持很好的兼容性。

在使用代理服务器软件时，许多代理端口是默认配置的，即缺省代理端口列表如下：

HTTP：808—用于浏览器上网。

FTP（Web）：808—用于浏览器连接 FTP 站点。

FTP：2121—用于 FTP 客户端软件连接 FTP 站点（如 cuteftp）。

Gopher：808—用于浏览器连接 Gopher 站点。

Secure/SSL/HTTPS：808—用于浏览器连接安全站点。

RTSP：808—用于 realplayer。

SOCKS：1080—用于部分网络客户端软件（如 QQ、联众）。

MMS：1080—用于 mediaplayer。

News（NNTP）：119—用于 outlook 连接新闻服务器。

SMTP：25—用于邮件客户端软件发送邮件（如 outlook，foxmail）。

POP3：110—用于邮件客户端软件接收邮件（如 outlook，foxmail）。

Telnet：23—用于某些 Telnet 客户端软件（如 Cterm）。

（二）代理服务器 CCProxy 功能设置

客户端具体设置如下。

1. 客户端设置前的准备工作

（1）确认客户端与服务器是连通的，能够互相访问。

（2）确定代理服务器地址。代理服务器地址就是安装代理服务器的机器的网络地址。这个地址是指服务器在局域网中的本地 IP 地址。本地 IP 地址可以从 CCProxy 的设置对话框中得到。设置对话框中的本地 IP 地址一般情况下可以用"自动检测"得到。如果服务器安装了双网卡，则需要手工选取：取消"自动检测"。

（3）从列表中选取。如果不能确认服务器的 IP 地址，也可以用服务器的机器名作为代理服务器地址。

2．设置 IE 浏览器代理上网

设置 IE 浏览器代理上网流程：IE 浏览器→菜单"工具"→"Internet 选项"→"连接"→"局域网设置"→选中"使用代理服务器"→"高级"→"代理服务器设置"，取消"对所有协议均使用相同的代理服务器"。

在"HTTP"中填上代理服务器地址，端口为 808。

在"Secure"中填上代理服务器地址，端口为 808。

在"FTP"中填上代理服务器地址，端口为 808。

在"Gopher"中填上代理服务器地址，端口为 808。

在"Socks"中填上代理服务器地址，端口为 1080。

3．设置 Outlook 的邮件代理

邮箱地址：support@youngzsoft.com

邮箱账号：support

邮箱密码：*******

SMTP 地址：smtp.youngzsoft.com

POP3 地址：pop3.youngzsoft.com

代理服务器地址：192.168.0.1

打开 Outlook，选择"工具"中的账户，弹出如图 8-18 所示的"Internet 账号"对话框。

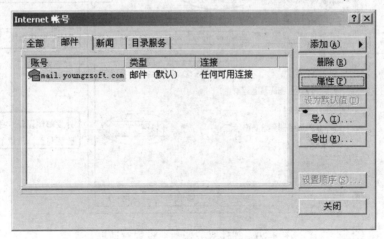

图 8-18　Internet 账号对话框

单击"添加"按钮添加邮件账号，再单击图 8-18 中的"属性"按钮，弹出如图 8-19 所示的邮件属性对话框。

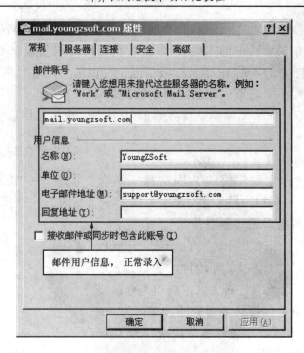

图 8-19　邮件属性对话框

单击图 8-19 中的"服务器"选项卡，如图 8-20 所示修改邮件服务器参数。

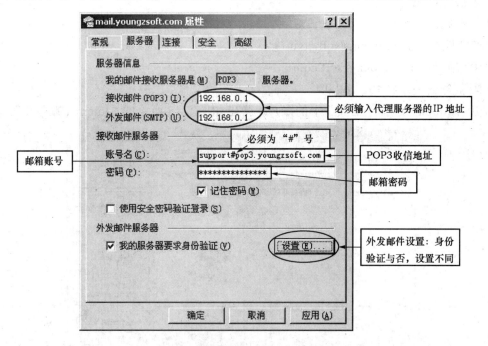

图 8-20　邮件服务器参数设置对话框

　　如果用户的邮件服务器发送邮件要求身份验证，则单击图 8-20 中的"设置"按钮，在弹出的"外发邮件服务器"对话框中进行相关设置，如图 8-21 所示。

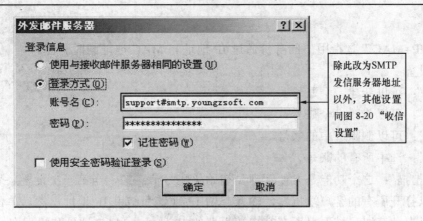

图 8-21　外发邮件服务器

如果不需要身份验证，则在账号名中输入#smtp.youngzsoft.com，密码为空即可。

4. 其他软件本身没有代理设置的代理设置

（1）如果这些软件本身有代理设置选项（一般在网络设置或者系统设置里），就可以参照相应协议和端口进行设置。

（2）如果这些软件本身没有代理设置，可以在客户端安装 NEC 公司 SocksCap32，将这些软件加入到 SocksCap32 里。

SocksCap 的具体设置方法和下载地址请看 http://sockscap.youngzsoft.com

SocksCap 是 NEC 公司开发的一个免费软件，可以使得某些没有提供代理设置的客户端软件能够通过它来连接 Internet。它就像一个帽子一样，可以盖住客户端软件，捕捉它们的网络连接，然后转向代理服务器。

（三）代理服务器 CCProxy 账号管理

1. 账号管理基本概念

代理服务器 CCProxy 的账号管理分为三个部分，分别是允许范围、验证方式和账号设置。

允许范围有三种选择：允许所有、允许部分和不允许部分。

允许所有是缺省状态，表示允许所有客户端上网，此方法适用于不需对客户端进行上网管理的应用。

允许部分表示只有加入用户列表的用户可以上网，并可以实现对用户进行各种管理。

不允许部分表示只有加入用户列表的用户不允许，其他都允许。

验证类型有六种选择，此选项用来设置缺省账号管理方式，编辑单个用户还可以对单个用户采用特别的账号管理方式。

（1）"IP 地址"是指用户的身份通过 IP 地址来验证。

（2）"MAC 地址"是指用户的身份通过 MAC 地址（网卡的物理地址）来验证。

（3）"用户/密码"是指用户的身份通过用户名和密码来验证。

（4）"用户/密码+IP 地址"是指用户的身份通过用户名、密码和 IP 地址三者同时来验证。

（5）"用户/密码+MAC 地址"是指用户的身份通过用户名、密码和 MAC 地址三者同时来验证。

（6）"IP+MAC"是指用户的身份通过 IP 地址和 MAC 地址同时验证。

账号设置：

"新建"：可以新建一个账号。

"编辑"：可以修改一个账号。

"删除"：可以删除选中的账号。

"全选"：选中所有的账号。

"自动扫描"：这个功能是方便管理员初始化账号信息的，当第一次设置账号的时候，管理员可以打开所有的客户端机器，输入起始 IP 地址和结束 IP 地址，然后单击"开始"按钮，可以自动获取局域网里所有客户端机器的 IP 地址、MAC 地址和机器名。

2. 新建账号说明

选择"账号"命令，在弹出的"账号管理"窗口中选择"新建"命令，弹出"账号"窗口，其中：

"用户名/组名"：用来标识不同的账号。

"允许"：用来设定账号是否具备上网权限。

"密码"：用来设定客户端上网需要的密码。

"IP 地址/IP 段"：可以是单个 IP 地址，也可以是 IP 段。比如 192.168.0.1 和 192.168.0.1～192.168.0.10 都是可以的。当设置成 IP 段时，表明这个 IP 段的用户都共享这个账号的权限。

"MAC 地址"：是指客户端网卡的物理地址。

"作为组"：用来建立组，可方便地将其他账号共享其上网权限。

"属于组"：用来设定账号属于某个组，共享其所在组具备的各种上网权限。

"最大连接数"：是指客户端允许的最大同时活动的连接数。–1 表示不限制客户端连接数。

"带宽（字节/秒）"：是指客户端允许的最大带宽，可以用来限制客户端上网速度。–1 表示不限制带宽。

"服务"：可以指定该账号的允许服务项目。

"网站过滤"：可以选择在"网站过滤"中已经定义好的网站过滤。

"时间安排"：可以选择在"时间安排"中已经定义好的时间安排。

"使用到期时间"：用来设定用户上网期限。

3. 用户名/密码验证方式的说明及注意事项

这种管理方式主要对浏览器上网和 SOCKS5 代理上网进行用户身份验证。

如果选择了包含"用户/密码"的验证类型，客户端通过浏览器上网时，浏览器会弹出要求输入用户名和密码的对话框，用户名和密码只是在启动浏览器第一次访问网站时需要输入用户名和密码，从已经打开的浏览器里访问新的网站和打开新的窗口不需要再次输入用户名和密码，但是启动新的浏览器访问网站会要求再次输入用户名和密码。通过 SOCKS5 协议上网的软件也需要在代理设置里填写用户名和密码，如 QQ。

【注意】如果要对客户端开放邮件代理、FTP 代理、SOCKS4 代理等服务，必须结合 IP

地址、MAC 地址等验证方式，或者建立一条新的账号，采用 IP 地址或者 IP 段管理方式来开放其他服务。

4. 如何控制客户端上网速度

控制客户端上网速度需要账号属性里的两个参数来限制："最大连接数"和"带宽"。

"最大连接数"是指服务器同时响应的客户端的最多的连接数，该客户端多余的连接将被代理服务器自动挂起，直到该客户端释放出已经响应的连接。

"带宽（字节/秒）"是指客户端最大的每秒钟的字节流量。

通常情况下，我们可以设置客户端的最大连接数是 10 个，带宽为 10240（即为 10K）。如果要严格控制客户端使用网络蚂蚁的情况，可以适当减少带宽或者最大连接数。

5. 如何对账号实行网站过滤及注意事项

首先，通过"账号"→"网站过滤"来定义不同的"网站过滤"规则。

然后选择需要进行"网站过滤"的客户端的账号，编辑该账号，在"网站过滤"里选择先前定义好的"网站过滤"规则。

【注意】"站点过滤"中的"允许站点"仅适用于结构简单的站点，不大适用于诸如 163、sina 等站点，因为此类站点结构比较复杂，页面中有些图片等信息来自于其他站点，会造成页面显示不全等问题。

6. 如何对账号进行时间控制

首先，通过"账号"→"时间安排"来定义不同的"时间安排"规则。

然后选择需要进行时间控制的客户端的账号，编辑该账号，在"时间安排"里选择先前定义好的"时间安排"规则。

7. 如何对账号进行多种验证方式混合管理

（1）管理员用手工添加账号方式：

1）"账号"→"新建"→用户，为该账号设定相应的验证方式。

2）"账号"→"新建"另一用户，为该账号设定相应的验证方式。

【注意】此时账号中显示的验证类型仅为账号管理的初始验证方式，与账号的实际验证方式没有必然关系。

（2）管理员用自动扫描方式：

1）选择某一验证类型（如 MAC），运行自动扫描，添加完所有账号。

2）对需要更改验证方式的账号进行编辑，为该账号设定相应的验证方式。

【注意】此时账号主页面中显示的验证类型仅为账号管理的初始验证方式，与账号的实际验证方式没有必然关系，实际验证方式以双击用户名后显示的为准。

8. 如何使用自动扫描获取所有客户端的计算机名、IP 地址、MAC 地址

管理员可以打开所有的客户端机器，输入起始 IP 地址和结束 IP 地址，然后单击"开始"按钮，可以自动获取局域网里所有客户端机器的 IP 地址、MAC 地址和机器名。

9. 如何向客户端发送信息

客户端如果是 Windows 98，要求已经运行了 Windows 目录下的 Winpopup.exe。如果是 Windows 2000/NT，则系统已经自带了消息接收功能。

在账号管理里单击右键，在上面的编辑框里输入对方机器名，下面的编辑框里输入要发送的文字，单击"确定"按钮就可以发送信息到客户端了。如果上面的对话框里输入的是"*"号，可以发送到局域网里的任何一台机器。

10. 如何限制客户端使用网络蚂蚁等工具下载

启动账号管理，编辑该用户的账号属性，将最大连接数设置成 5，带宽设为 4096 字节/秒，同时将 ccproxy.ini 里的 MaxConnectionMode=1 改为 MaxConnectionMode=0 就可以了。此方法可以有效阻止客户端使用下载工具，因为只分配了 5 个连接给此用户，如果他使用下载工具，会影响其自身的上网状况。

模块三　可视电话（Netmeeting）

一、教学目标

正确设置 Netmeeting 相关参数。

二、工作任务

能正确使用 Netmeeting 进行视频通话。

三、相关实践知识

（一）NetMeeting 的安装

NetMeeting 为用户提供了一个方便灵活的网上实时交流的工具，通过 NetMeeting，可以非常方便地与网络中的其他用户进行各种交流、传递信息等。当用户第一次启动NetMeeting 时，系统会弹出 NetMeeting 向导对话框，要求用户对 NetMeeting 进行一些设置，其具体设置步骤用户可参照以下步骤进行：

（1）单击"开始"按钮，选择"所有程序"→InternetExplorer→MicrosoftNetMeeting命令，这时将弹出如图 8-22 所示的"NetMeeting"之一对话框。

图 8-22　NetMeeting 功能介绍对话框

（2）该对话框中向用户介绍了通过 NetMeeting 可实现的功能，单击"下一步"按钮，进入"NetMeeting"之二对话框，如图 8-23 所示。

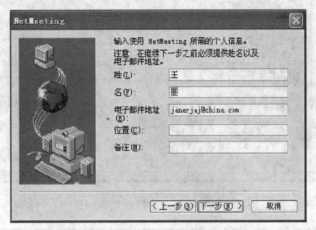

图 8-23 NetMeeting 个人信息设置对话框

（3）在该对话框中，用户需输入相应的个人信息，如姓名、电子邮件地址、位置及备注信息等。输入完毕后，单击"下一步"按钮，打开"NetMeeting"之三对话框，如图 8-24 所示。

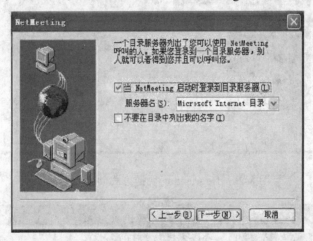

图 8-24 NetMeeting 目录服务器选择对话框

（4）在该对话框中选中"当 NetMeeting 启动时登录到目录服务器"复选框，在"服务器名"下拉列表中选择"MicrosoftInternet 目录"选项或输入其他的服务器名称。单击"下一步"按钮，进入"NetMeeting"之四对话框，如图 8-25 所示。

（5）在该对话框中用户可根据实际情况选择连接到网络的速度，选择完毕后，单击"下一步"按钮，打开"NetMeeting"之五对话框，如图 8-26 所示。

（6）该对话框询问用户是否要在桌面上创建 NetMeeting 的快捷方式及是否在快速启动栏上创建 NetMeeting 的快捷方式，若用户希望在桌面或快速启动栏上创建 NetMeeting 的快捷方式，可选中相应选项前的复选框。单击"下一步"按钮，进入"音频调节向导"之一对话框，如图 8-27 所示。

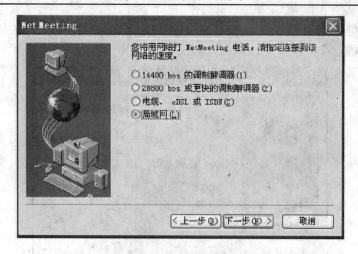

图 8-25　NetMeeting 网络选择对话框

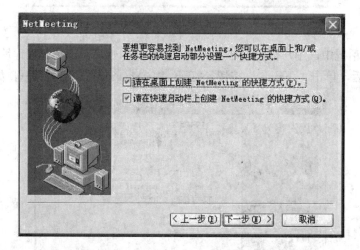

图 8-26　NetMeeting 快捷方式创建对话框

图 8-27　NetMeeting 音频调节向导对话框

（7）该向导会帮助用户调节音频设置，在调节之前，用户需先关闭所有的放音和录音程序，然后单击"下一步"按钮，进入"音频调节向导"之二对话框，如图 8-28 所示。

图 8-28　NetMeeting 音频设备选择对话框

（8）该向导中用户可在"录音"和"播放"下拉列表中选择用于录音及播放的音频设备，设置完毕后，单击"下一步"按钮，打开"音频调节向导"之三对话框，如图 8-29 所示。

图 8-29　NetMeeting 音量调节对话框

（9）单击"测试"按钮，拖动"音量"滑块，可调整播放音量的大小，调整合适后，单击"下一步"按钮，进入"音频调节向导"之四对话框，如图 8-30 所示。

（10）该向导将帮助用户调整录音音量，若用户连接有麦克风，可对着麦克风进行朗读，并拖动滑块调节录音音量。调整好录音音量后，单击"下一步"按钮，打开"音频调节向导"之五对话框，如图 8-31 所示。

（11）该向导提示用户已完成了音频设置的调整，单击"完成"按钮，即可结束"音频调节向导"。

（12）设置完成后，将弹出 NetMeeting 窗口，如图 8-32 所示。

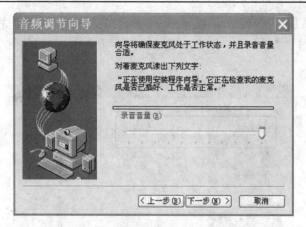

图 8-30　NetMeeting 音频测试对话框

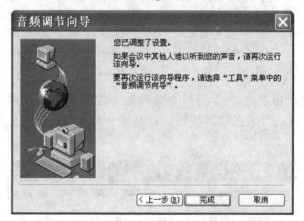

图 8-31　NetMeeting 音频设置完成对话框

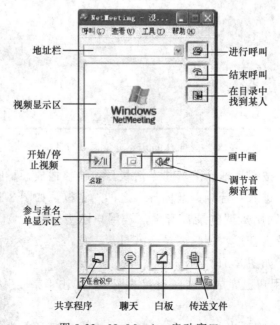

图 8-32　NetMeeting 启动窗口

（二）NetMeeting 的使用

启动 NetMeeting 窗口后，用户就可以与其他用户聊天或进行信息交流了。若用户想与某人进行交流，就需要先对其进行呼叫，让对方知道你的加入。

发出呼叫可执行下列操作：

（1）启动 NetMeeting 窗口。

（2）选择"呼叫"→"新呼叫"命令，或单击"进行呼叫" 按钮，打开"发出呼叫"对话框，如图 8-33 所示。

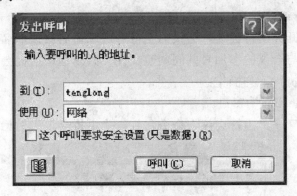

图 8-33　NetMeeting 呼叫窗口

（3）在该对话框中用户需输入要呼叫人的地址。在"到"文本框中输入要呼叫的人的名称、电子邮件地址、计算机名称、计算机的 IP 地址或电话号码等信息之一即可。在"使用"下拉列表中选择进行呼叫的连接类型，若选中"这个呼叫要求安全设置（只是数据）"复选框，则可将该呼叫设定为安全呼叫。

（4）设置完毕后，单击"呼叫"按钮。

（5）这时将弹出一个正在等待呼叫人响应的对话框，如图 8-34 所示。

图 8-34　NetMeeting 连接窗口

（6）若对方接受呼叫，则在"参与者名单显示区"中将显示会议中的参与者名单，若被呼叫人安装有摄像头等视频设备，则会在"NetMeeting"窗口的"视频显示区"中显示被呼叫人的视频画面。

【注意】用户也可以直接在"NetMeeting"窗口的"地址栏"中输入要呼叫的人的计算机名称或电子邮件地址、计算机 IP 地址、电话号码等信息，单击"进行呼叫"按钮呼叫他人。

若被他人呼叫，则会弹出来自某人的呼叫对话框，单击"接受"按钮，可接受呼叫，若不想接受呼叫，可单击"忽略"按钮。

若要结束呼叫，可单击"结束呼叫"按钮，断开连接。

若用户不想让众多的呼叫打扰自己的工作，可选择"呼叫"→"请勿打扰"命令，这样当用户被呼叫时，就不会出现来自某某人的呼叫对话框了，当然也就无法接收呼叫了。

若觉得每次有人呼叫都要单击"接收"按钮才能接收呼叫太麻烦，也可以选择"呼叫"→"自动接收呼叫"命令，自动接收其他人的呼叫。

使用 NetMeeting，用户可以召开会议，与朋友、同事交流信息、讨论事情、共享程序及传送文件等。会议的主持者可以邀请其他人参加会议，并规定会议中所能使用的会议工具等。会议的参加者与主持者无需安装相应的软件，即可使用会议中其他参加者计算机上的应用程序在会议中查看和处理文件。

（三）视频电话会议的召开

用户可以自己召开并主持会议，会议的主持者可以命名会议的名称、设置会议的密码等，并可以在会议中与会议的参加者共同创建文件、共享程序、向会议的参加者发送文件等。要主持会议，可执行下列操作：

（1）打开"NetMeeting"窗口。

（2）选择"呼叫"→"主持会议"命令，打开"主持会议"对话框，如图 8-35 所示。

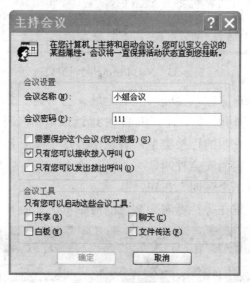

图 8-35　NetMeeting 会议主持对话框

（3）在该对话框的"会议设置"选项组中的"会议名称"文本框中输入会议的名称；在"会议密码"文本框中输入加入会议的密码；若选中"要求会议安全（只是数据）"选框，可创建安全会议；若选中"只有您可以接收拨入的呼叫"复选框，可监视会议的加入者；若选中"只有您可以发出拨出呼叫"复选框，可控制会议的参加者邀请其他人参加会议。

（4）在"会议工具"选项组中，用户可选择要启用的会议工具，如共享、聊天、白板及文件传送等。用户只需选中相应会议工具前的复选框即可启用该会议工具。

（5）设置完毕后，单击"确定"按钮即可开始会议。这时在"参与者名单显示区"中将显示参加会议的人员名单。

（6）选择"呼叫"→"新呼叫"命令，可在"发出呼叫"对话框中添加新的会议参加者。

（7）若用户想加入一个正在召开的会议，可直接呼叫会议的主持者或会议的参加者。

若会议的主持者或参加者接收了呼叫，用户即可参加该会议。注意若用户通过呼叫会议的参加者加入会议，则当该会议的参加者离开会议或断开连接时，用户的连接也会断开。

（8）在会议的召开过程中，若有会议参加者恶意捣乱或不符合会议参加者的要求，会议的主持者或其初始呼叫人可将其删除，不再让其参加会议。删除会议参加者可执行下列操作：

1）右击 NetMeeting 窗口的"参与者名单显示区"中要删除的会议参加者的名称。

2）在弹出的快捷菜单中选择"从会议中删除"命令即可。

项目九   VPN 配置

一、教学目标

能够在 ASP.NET 程序中熟练地使用各种 ASP.NET 内置对象进行编程。

（1）配置 Windows Server 2003 计算机成为 VPN 服务器。

（2）在客户端和 VPN 服务器间建立安全连接。

二、工作任务

（1）配置 Windows Server 2003 计算机成为 VPN 服务器。

（2）配置 VPN 服务器。

（3）在客户端和 VPN 服务器建立连接。

（4）设置远程访问用户的回拨选项。

（5）利用远程访问策略实现 VPN 访问。

三、相关实践知识

（一）配置 Windows Server 2003 VPN 服务器

服务器是 Windows Server 2003 系统，2003 中 VPN 服务叫做"路由和远程访问"，系统默认就安装了这个服务，但是没有启用。

在管理工具中打开"路由和远程访问"，如图 9-1 所示。

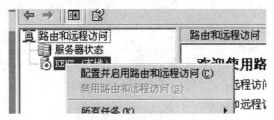

图 9-1　路由和远程访问

在列出的本地服务器上单击右键，选择"配置并启用路由和远程访问"，单击"下一步"按钮。

在此，由于服务器是公网上的一台一般的服务器，不是具有路由功能的服务器，是单网卡的，所以这里选择"自定义配置"，如图 9-2 所示，单击"下一步"按钮。

这里选"VPN 访问"，如图 9-3 所示，只需要 VPN 的功能。单击"下一步"按钮，配置向导完成，如图 9-4 所示。

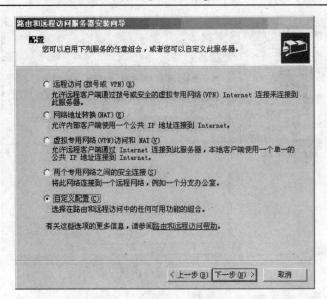

图 9-2　路由和远程访问服务器安装向导

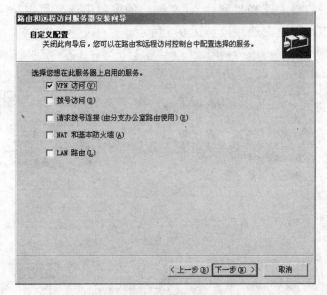

图 9-3　路由和远程访问服务器安装向导

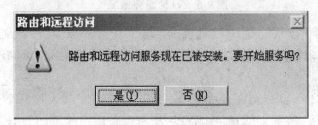

图 9-4　路由和远程访问服务

单击"是"按钮，开始服务。

启动了 VPN 服务后，"路由和远程访问"的界面，如图 9-5 所示。

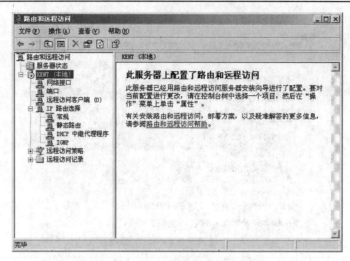

图 9-5 "路由和远程访问"界面

下面开始配置 VPN 服务器。

在服务器上单击右键，选择"属性"，在弹出的窗口中选择"IP"标签，在"IP 地址指派"中选择"静态地址池"选项，如图 9-6 所示。

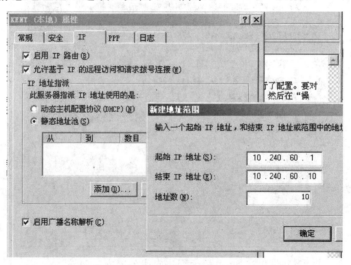

图 9-6 VPN 服务器配置

然后单击"添加"按钮设置 IP 地址范围，这个 IP 范围就是 VPN 局域网内部的虚拟 IP 地址范围，每个拨入到 VPN 的服务器都会分配到一个允许范围内的 IP，在虚拟局域网中用这个 IP 相互访问。

这里设置为 10.240.60.1～10.240.60.10，一共 10 个 IP，默认的 VPN 服务器占用第一个 IP，所以，10.240.60.1 实际上就是这个 VPN 服务器在虚拟局域网的 IP。

至此，VPN 服务部分配置完毕。

（二）添加 VPN 用户

每个客户端拨入 VPN 服务器都需要有一个账号，默认是 Windows 身份验证，所以要给每个需要拨入到 VPN 的客户端设置一个用户，并为这个用户制定一个固定的内部虚拟 IP 以便客户端之间相互访问。

在管理工具中的计算机管理里添加用户，这里以添加一个 chnking 用户为例：

先新建一个叫"chnking"的用户，创建好后，查看这个用户的属性，在"拨入"标签中做相应的设置，如图 9-7 所示。

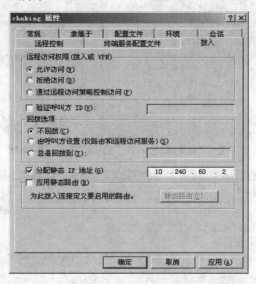

图 9-7　VPN 用户设置

远程访问权限设置为"允许访问"，以允许这个用户通过 VPN 拨入服务器。

选择"分配静态 IP 地址"，并设置一个 VPN 服务器中静态 IP 地址池范围内的一个 IP 地址，这里设为 10.240.60.2。

如果有多个客户端机器要接入 VPN，请给每个客户端都新建一个用户，并设定一个虚拟 IP 地址，各个客户端都使用分配给自己的用户拨入 VPN，这样各个客户端每次拨入 VPN 后都会得到相同的 IP。如果用户没设置为"分配静态 IP 地址"，客户端每次拨入到 VPN，VPN 服务器会随机给这个客户端分配一个范围内的 IP。

（三）配置 Windows Server 2003 客户端

客户端可以是 Windows Server 2003，也可以是 Windows XP，设置几乎一样，这里以 Windows 2003 客户端设置为例。

（1）选择"程序"→"附件"→"通信"→"新建连接向导"命令，启动连接向导，如图 9-8 所示。

（2）选择第二项"连接到我的工作场所的网络"，这个选项是用来连接 VPN 的，单击"下一步"按钮。

（3）选择"虚拟专用网络连接"，如图 9-9 所示，单击"下一步"按钮。

（4）在"连接名"窗口，填入连接名称 szbti，单击"下一步"按钮。

（5）填入 VPN 服务器的公网 IP 地址，如图 9-10 所示。

（6）单击"下一步"按钮，完成新建连接。

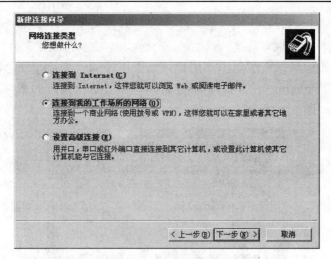

图 9-8　Windows Server 2003 客户端连接向导

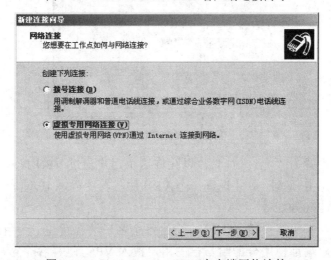

图 9-9　Windows Server 2003 客户端网络连接

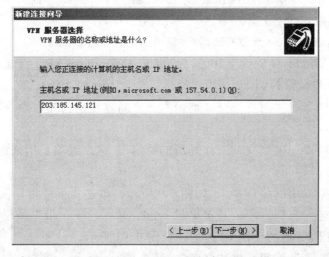

图 9-10　Windows Server 2003 客户端 VPN 服务器设置

完成后，在控制面板的网络连接中的虚拟专用网络下面可以看到刚才新建的 szbti 连接，如图 9-11 所示。

在 szbti 连接上单击右键，选"属性"命令，在弹出的窗口中单击"网络"标签，然后选中"Internet 协议（TCP/IP）"，单击"属性"按钮，在弹出的窗口中再单击"高级"按钮，如图 9-12 所示，把"在远程网络上使用默认网关"前面的勾去掉。

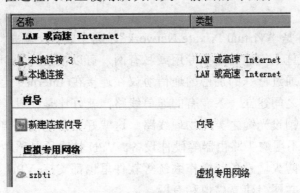

图 9-11　客户端虚拟专用网络

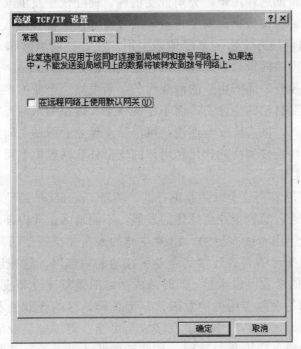

图 9-12　客户端虚拟专用网络属性

如果不去掉这个勾，客户端拨入到 VPN 后，将使用远程的网络作为默认网关，导致的后果就是客户端只能连通虚拟局域网，上不了因特网。

开始拨号进入 VPN，双击 szbti 连接，输入分配给这个客户端的用户名和密码，拨通后在任务栏的右下角会出现一个网络连接的图标，表示已经拨入到 VPN 服务器。

一旦进入虚拟局域网，客户端设置共享文件夹，别的客户端就可以通过其他客户端 IP

地址访问它的共享文件夹。

（四）路由器设置

转发规则：服务端口为 1723；对应服务器 IP 地址要打勾启用。

四、理论知识

（一）VPN 概念

VPN 的英文全称是"Virtual Private Network"，翻译成中文就是"虚拟专用网络"。它是在公共通信基础设施上构建的虚拟专用或私有网，可以被认为是一种从公共网络中隔离出来的网络。它可以通过特殊的加密的通信协议在连接在 Internet 上的位于不同地方的两个或多个企业内部网之间建立一条专有的通信线路，就好比是架设了一条专线一样，但是它并不需要真正地去铺设光缆之类的物理线路。这就好比去电信局申请专线，但是不用给铺设线路的费用，也不用购买路由器等硬件设备。VPN 技术原是路由器具有的重要技术之一，目前在交换机、防火墙设备或操作系统等软件里也都支持 VPN 功能。一句话，VPN的核心就是在利用公共网络建立虚拟私有网。

虚拟专用网可以帮助远程用户、公司分支机构、商业伙伴及供应商同公司的内部网建立可信的安全连接，并保证数据的安全传输。通过将数据流转移到低成本的压网络上，一个企业的虚拟专用网解决方案将大幅度地减少用户花费在城域网和远程网络连接上的费用。同时，这将简化网络的设计和管理，加速连接新的用户和网站。另外，虚拟专用网还可以保护现有的网络投资。随着用户的商业服务不断发展，企业的虚拟专用网解决方案可以使用户将精力集中到自己的生意上，而不是网络上。虚拟专用网可用于不断增长的移动用户的全球因特网接入，以实现安全连接；可用于实现企业网站之间安全通信的虚拟专用线路，用于经济有效地连接到商业伙伴和用户的安全外联网虚拟专用网。

（二）VPN 的产生背景

VPN 的产生是伴随着企业全球化而进行的。随着 Internet 的商业化，大量的企业的内部网络与 Internet 相连，随着企业全球化的发展，不同地区企业内部的网络需要互联。以往传统的方式是通过租用专线实现的。出差在外的人员如果需要访问公司内部的网络，以往不得不采用长途拨号的方式连接到企业所在地的内部网。这些连接方式的价格非常昂贵，一般只有大型的企业可以承担，同时造成网络的重复建设和投资。Internet 的发展，推动了采用基于公网的虚拟专用网的发展，从而使跨地区的企业的不同部门之间，或者政府的不同部门之间通过公共网络实现互联成为可能，可以使企业节省大量的通信费用和资金，也可以使政府部门不重复建网。这些新的业务需求给公共网络的经营者提供了巨大的商业机会。但是，如何保证企业内部的数据通过公共网络传输的安全性和保密性，以及如何管理企业网在公共网络的不同节点，成为企业非常关注的问题。VPN 采用专用的网络加密和通信协议，可以使企业在公共网络上建立虚拟的加密通道，构筑自己的安全的虚拟专网。企业的跨地区的部门或出差人员可以从远程经过公共网络，通过虚拟的加密通道与企业内部的网络连接，而公共网络上的用户则无法穿过虚拟通道访问企业的内部网络。

（三）VPN 标准的分类及各种 VPN 协议的比较

VPN 的分类方式比较混乱。不同的生产厂家在销售它们的 VPN 产品时使用了不同的分类方式，它们主要是产品的角度来划分的。而不同的 ISP 在开展 VPN 业务时也推出了不同的分类方式，他们主要是从业务开展的角度来划分的。而用户往往也有自己的划分方法，主要是根据自己的需求来进行的。下面简单介绍按照协议类型对 VPN 的划分方式。

1. 点到点隧道协议（PPTP）

PPTP（Point-to-Point Tunneling Protocol）即点对点隧道协议，该协议由美国微软公司设计，用于将 PPP 分组通过 IP 网络封装传输。通过该协议，远程用户能够通过 Windows 操作系统以及其他装有点对点协议的系统安全访问公司网络，并能拨号连入本地 ISP，通过 Internet 安全连接到公司网络。

2. 第二层转发协议（L2F）

第二层转发协议（L2F）用于建立跨越公共网络（如因特网）的安全隧道来将 ISP POP 连接到企业内部网关。这个隧道建立了一个用户与企业客户网络间的虚拟点对点连接。

3. 第二层隧道协议（L2TP）

第二层隧道协议（L2TP）是用来整合多协议拨号服务至现有的因特网服务提供商。PPP 定义了多协议跨越第二层点对点连接的一个封装机制。特别地，用户通过使用众多技术之一（如拨号 POTS、ISDN、ADSL 等）获得第二层连接到网络访问服务器（NAS），然后在此连接上运行 PPP。在这样的配置中，第二层终端点和 PPP 会话终点处于相同的物理设备中（如 NAS）。

L2TP 扩展了 PPP 模型，允许第二层和 PPP 终点处于不同的由包交换网络相互连接的设备来。通过 L2TP，用户在第二层连接到一个访问集中器（例如：调制解调器池、ADSL DSLAM 等），然后这个集中器将通过单独的 PPP 帧隧道连接到 NAS。这样，可以把 PPP 包的实际处理过程与 L2 连接的终点分离开来。

4. 多协议标记交换（MPLS）

MPLS 属于第三代网络架构，是新一代的 IP 高速骨干网络交换标准，由 IETF（Internet Engineering Task Force，因特网工程任务组）所提出，由 Cisco、ASCEND、3Com 等网络设备大厂所主导。

MPLS 是集成式的 IP Over ATM 技术，即在帧中继及 ATM 变换上结合路由功能，数据包通过虚拟电路来传送，只需在 OSI 第二层（数据链接层）执行硬件式交换［取代第三层（网络层）软件式 routing］。它整合了 IP 选径与第二层标记交换为单一的系统，因此可以解决 Internet 路由的问题，使数据包传送的延迟时间减短，增加网络传输的速度，更适合多媒体信息的传送。因此，MPLS 最大技术特色为可以指定数据包传送的先后顺序。MPLS 使用标记交换（Label Switching），网络路由器只需要判别标记后即可进行转送处理。

5. IP 安全协议（IPSec）

IPSec（IPSecurity Protcol，IP 安全协议）是一组开放标准集，它们协同地工作来确保对等设备之间的数据机密性、数据完整性以及数据认证。这些对等实体可能是一对主机或是一对安全网关（路由器、防火墙、VPN 集中器等），或者它们可能在一个主机和一个安全网关之间，就像远程访问 VPN 这种情况。IPSec 能够保护对等实体之间的多个数据流，并且一个单一网关能够支持不同的成对的合作伙伴之间的多条并发安全 IPSec 隧道。

6. SSL 协议

SSL 的英文全称是"Secure Sockets Layer"，中文名为"安全套接层协议层"，它是网景（Netscape）公司提出的基于 Web 应用的安全协议。SSL 协议指定了一种在应用程序协议（如 Http、Telnet、NNTP 和 FTP 等）和 TCP/IP 协议之间提供数据安全性分层的机制，它为 TCP/IP 连接提供数据加密、服务器认证、消息完整性以及可选的客户机认证。

SSL 协议层包含两类子协议——SSL 握手协议和 SSL 记录协议。它们共同为应用访问连接（主要是 HTTP 连接）提供认证、加密和防篡改功能。SSL 能在 TCP/IP 和应用层间无缝实现 Internet 协议栈处理，而不对其他协议层产生任何影响。SSL 的这种无缝嵌入功能还可运用类似 Internet 应用，如 Intranet 和 Extranet 接入、应用程序安全访问、无线应用以及 Web 服务。

SSL 能基于 Internet 实现安全数据通信：数据在从浏览器发出时进行加密，到达数据中心后解密；同样地，数据在传回客户端时也进行加密，再在 Internet 中传输。它工作于高层，SSL 会话由两部分组成：连接和应用会话。在连接阶段，客户端与服务器交换证书并协议安全参数，如果客户端接受了服务器证书，便生成主密钥，并对所有后续通信进行加密。在应用会话阶段，客户端与服务器间安全传输各类信息。

五、思考的问题

（1）针对不同的用户要求，VPN 有几种解决方案？各有何特点？
（2）VPN 需不需要进行防火墙的设置？

项目十　构建无线局域网

一、教学目标

（1）了解无线网络的概念及原理。
（2）掌握使用常用无线局域网设备的组网方法。
（3）掌握常用无线网络适配器的安装配置方法。

二、工作任务

组建无线局域网，使局域网内部的客户机能互相访问，且使局域网内部的客户机能通过以太网访问 Internet。

三、相关实践知识

（一）项目所需设备准备
（1）微机 5 台，安装 Windows XP SP2；
（2）无线网卡 5 块（USB 接口）；
（3）AP 接入点 2 台；
（4）交换机 1 台；
（5）UTP-CAT5 类直通线缆若干条。

（二）项目实施步骤

1. 无线局域网联网项目实例结构图，如图 10-1 所示

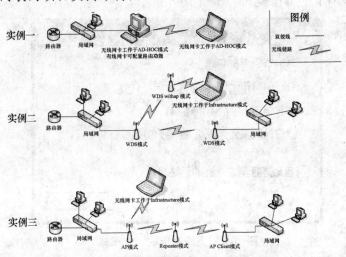

图 10-1　无线局域网联网结构图

2. 基于 Windows XP 的无线网卡的安装和配置向导

（1）按照说明书要求安装无线网卡和相关驱动。

（2）配置无线网卡的 TCP/IP 网络环境，如图 10-2 所示。

（3）选择无线网络配置组件，既可以选择厂家自带配置程序，也可以选择 Windows XP 自带无线网络配置组件，但只能选择其一，如图 10-3 所示，如勾选"用 Windows 配置我的无线网络设置"则厂家自带的配置程序失效，去掉勾选则厂家配置程序有效。以下讲解均使用 Windows XP 自带配置程序为例。

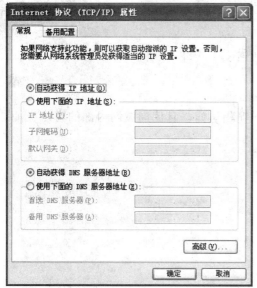

图 10-2　设置无线网卡的 TCP/IP 的网络环境

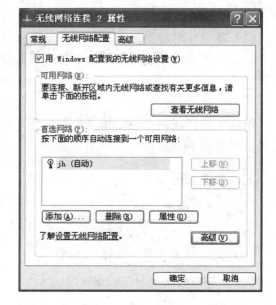

图 10-3　选择使用 Windows XP
自带无线网络设置程序

（4）选择无线网卡的工作模式，如图 10-4 所示。

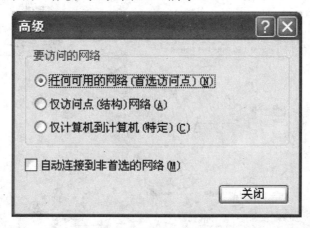

图 10-4　无线网卡的工作模式

（5）建立连接。

方式一：自动搜索（当要建立的连接网络有 SSID 广播时）建立无线网络连接，如图 10-5 所示。

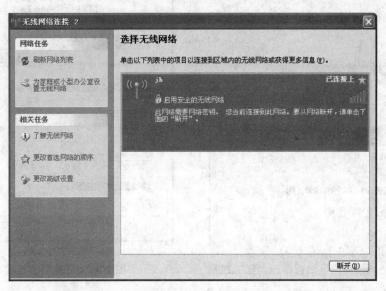

图 10-5　通过自动搜索建立无线网络连接（有 SSID 广播）

方式二：手动建立无线网络的连接，并配置身份验证及数据加密等安全选项，如图 10-6 和图 10-7 所示。

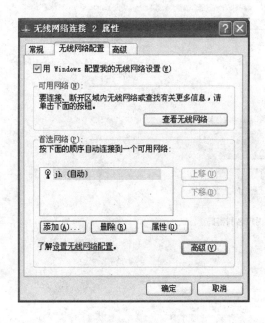

图 10-6　按添加按钮手动建立无线连接

图 10-7　输入安全选项

（6）配置自动连接选项，如同时存在多个可以自动连接的无线网络，配置连接优先顺序，如图 10-8 和图 10-9 所示。

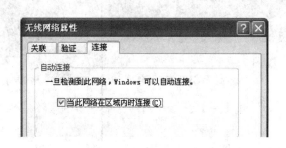

图 10-8　当进入该网络区域后，自动建立连接　　图 10-9　调整自动连接顺序

3．AP（无线接入点）的安装和配置向导

本项目以 D-Link DWL2100 为例：

（1）以 Web 方式登录 AP 管理界面，如图 10-10 所示。

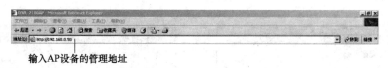

输入AP设备的管理地址

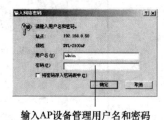

输入AP设备管理用户名和密码

图 10-10　（主界面）Web 方式登录管理界面

（2）用 AP 安装程序向导方式配置 AP 的基本功能，如图 10-11 所示。

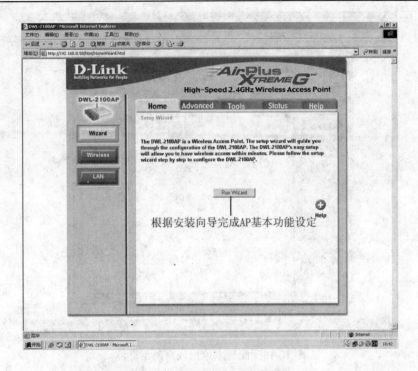

图 10-11　用简易向导方式配置 AP

（3）配置无线 AP（D-Link DWL210）的主要参数，如图 10-12 所示。

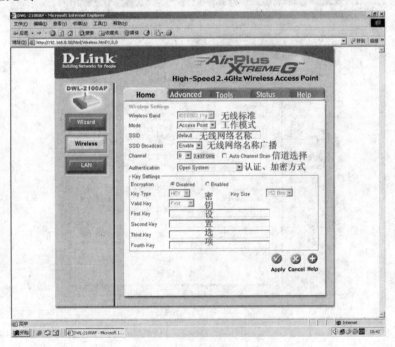

图 10-12　配置无线网络主要参数

（4）配置无线 AP（D-Link DWL210）的本地局域网网络环境。

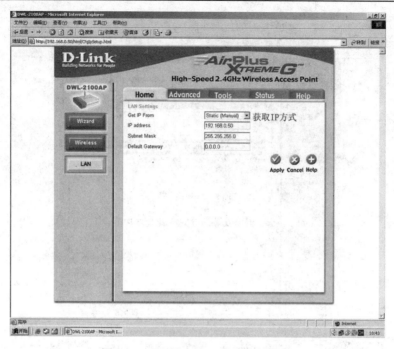

图 10-13　配置本地局域网网络环境

（5）在高级界面中，配置无线 AP（D-Link DWL210）的网络性能，如图 10-14 所示。

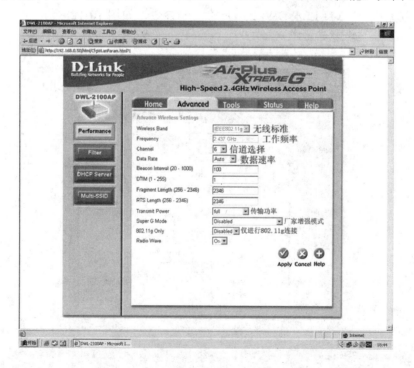

图 10-14　（高级界面）配置 AP 网络性能

（6）在高级界面中，配置无线 AP（D-Link DWL210）的地址过滤，如图 10-15 所示。

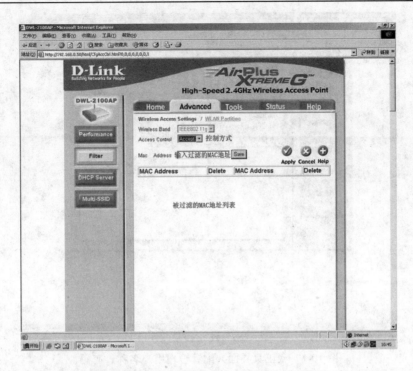

图 10-15 （高级界面）配置 MIC 地址过滤

（7）在高级界面中，配置无线 AP（D-Link DWL210）的 DHCP 服务，如图 10-16 所示。

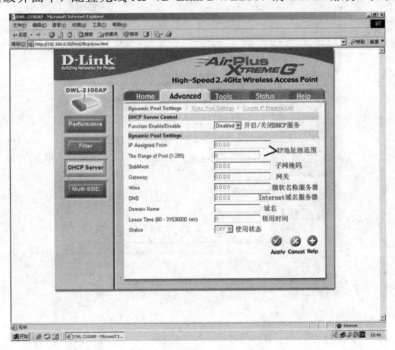

图 10-16 （高级界面）配置 DHCP 服务

（8）在无线 AP 的工具界面中，配置管理用户的名称与密码，如图 10-17 所示。

图 10-17 （工具界面）配置管理用户名称、密码

（9）如果配置完成需重启，或者需要恢复原始状态，可以选择配置系统重启或出厂状态复原，如图 10-18 所示。

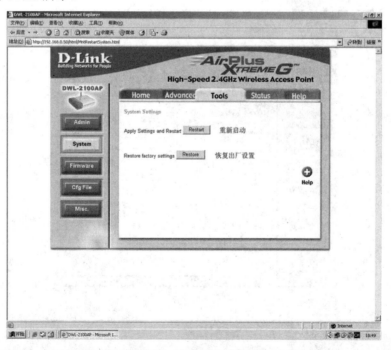

图 10-18 （工具界面）配置系统重启或出厂状态复原

（10）保存用户设置，如图 10-19 所示。

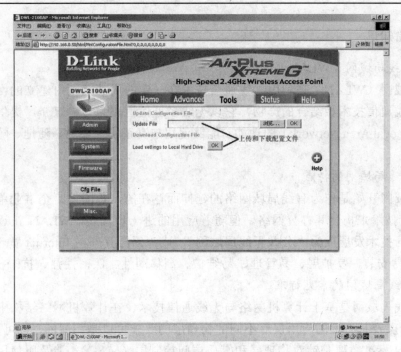

图 10-19 （工具界面）保存或恢复用户设置

（11）最后，可以进行终端（telnet）登录设置，如图 10-20 所示。

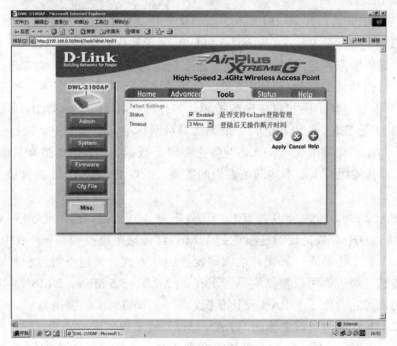

图 10-20 （工具界面）telnet 登录设置

至此，一个基本的无线局域网就已经设置好了，按照如图 10-1 所示的结构连接计算机，这 5 台计算机就可以分别通过无线局域网浏览网络资源了。

四、理论知识

（一）无线局域网（WLAN）的概念

无线局域网（WLAN）是利用无线通信技术在一定的局部范围内建立的网络，是计算机网络与无线通信技术相结合的产物，它以无线多址信道作为传输媒介，提供传统有线局域网 LAN（Local Area Network）的功能，能够使用户真正实现随时、随地、随意的宽带网络接入。

（二）无线局域网的特点

无线局域网开始是作为有线局域网络的延伸而存在的，各团体、企事业单位广泛地采用了 WLAN 技术来构建其办公网络。但随着应用的进一步发展，WLAN 正逐渐从传统意义上的局域网技术发展成为"公共无线局域网"，成为国际互联网 Internet 宽带接入手段。WLAN 具有易安装、易扩展、易管理、易维护、高移动性、保密性强、抗干扰等特点。

（三）无线局域网的常见标准

由于无线局域网是基于计算机网络与无线通信技术，在计算机网络结构中，逻辑链路控制（LLC）层及其之上的应用层对不同的物理层的要求可以是相同的，也可以是不同的，因此，WLAN 标准主要是针对物理层和媒质访问控制层（MAC），涉及所使用的无线频率范围、空中接口通信协议等技术规范与技术标准。常见的标准有以下几种：

1. IEEE 802.11X

（1）IEEE 802.11。1990 年 IEEE 802 标准化委员会成立 IEEE 802.11WLAN 标准工作组。IEEE 802.11［别名：Wi-Fi（Wireless Fidelity）无线保真］是在 1997 年 6 月由大量的局域网以及计算机专家审定通过的标准，该标准定义物理层和媒体访问控制（MAC）规范。物理层定义了数据传输的信号特征和调制，定义了两个 RF 传输方法和一个红外线传输方法。RF 传输标准是跳频扩频和直接序列扩频，工作在 2.4000～2.4835GHz 频段。

IEEE 802.11 是 IEEE 最初制定的一个无线局域网标准，主要用于解决办公室局域网和校园网中用户与用户终端的无线接入，业务主要限于数据访问，速率最高只能达到 2Mb/s。由于它在速率和传输距离上都不能满足人们的需要，所以 IEEE 802.11 标准被 IEEE 802.11b 所取代了。

（2）IEEE 802.11b。1999 年 9 月 IEEE 802.11b 被正式批准，该标准规定 WLAN 工作频段在 2.4～2.4835 GHz，数据传输速率达到 11Mb/s，传输距离控制在 50～150ft。该标准是对 IEEE 802.11 的一个补充，采用补偿编码键控调制方式，采用点对点和基本两种运作模式，在数据传输速率方面可以根据实际情况在 11 Mb/s、5.5 Mb/s、2 Mb/s、1 Mb/s 的不同速率间自动切换，它改变了 WLAN 设计状况，扩大了 WLAN 的应用领域。

IEEE 802.11b 已成为当前主流的 WLAN 标准，被多数厂商所采用，所推出的产品广泛应用于办公室、家庭、宾馆、车站、机场等众多场合，但是由于许多 WLAN 的新标准的出现，IEEE 802.11a 和 IEEE 802.11g 更是备受业界关注。

（3）IEEE 802.11a。1999 年，IEEE 802.11a 标准制定完成，该标准规定 WLAN 工作频段在 5.15～8.825 GHz，数据传输速率达到 54Mb/s/72Mb/s（Turbo），传输距离控制在 10～

100m。该标准也是 IEEE 802.11 的一个补充，扩充了标准的物理层，采用正交频分复用（OFDM）的独特扩频技术，采用 QFSK 调制方式，可提供 25Mb/s 的无线 ATM 接口和 10Mb/s 的以太网无线帧结构接口，支持多种业务如话音、数据和图像等，一个扇区可以接入多个用户，每个用户可带多个用户终端。

IEEE 802.11a 标准是 IEEE 802.11b 的后续标准，其设计初衷是取代 802.11b 标准，然而，工作于 2.4GHz 频带是不需要执照的，该频段属于工业、教育、医疗等专用频段，是公开的，工作于 5.15～8.825 GHz 频带是需要执照的。一些公司仍没有表示对 802.11a 标准的支持，一些公司更加看好最新混合标准——802.11g。

（4）IEEE 802.11g。目前，IEEE 推出最新版本 IEEE 802.11g 认证标准,该标准提出拥有 IEEE 802.11a 的传输速率，安全性较 IEEE 802.11b 好，采用两种调制方式，含 802.11a 中采用的 OFDM 与 IEEE 802.11b 中采用的 CCK，做到与 802.11a 和 802.11b 兼容。

虽然 802.11a 较适用于企业，但 WLAN 运营商为了兼顾现有 802.11b 设备投资，选用 802.11g 的可能性极大。

（5）IEEE 802.11i。IEEE 802.11i 标准是结合 IEEE 802.1x 中的用户端口身份验证和设备验证，对 WLAN MAC 层进行修改与整合，定义了严格的加密格式和鉴权机制，以改善 WLAN 的安全性。IEEE 802.11i 新修订标准主要包括两项内容："Wi-Fi 保护访问"（Wi-Fi Protected Access：WPA）技术和"强健安全网络"（RSN）。Wi-Fi 联盟计划采用 802.11i 标准作为 WPA 的第二个版本，并于 2004 年初开始实行。

IEEE 802.11i 标准在 WLAN 网络建设中的是相当重要的，数据的安全性是 WLAN 设备制造商和 WLAN 网络运营商应该首先考虑的头等工作。

（6）IEEE 802.11e/f/h。IEEE 802.11e 标准对 WLAN MAC 层协议提出改进，以支持多媒体传输，以支持所有 WLAN 无线广播接口的服务质量保证 QoS 机制。

IEEE 802.11f，定义访问节点之间的通信，支持 IEEE 802.11 的接入点互操作协议（IAPP）。

IEEE 802.11h 用于 802.11a 的频谱管理技术。

2. HIPERLAN

欧洲电信标准化协会（ETSI）的宽带无线电接入网络（BRAN）小组着手制定 Hiper（High Performance Radio）接入泛欧标准，已推出 HiperLAN1 和 HiperLAN2。HiperLAN1 推出时，数据速率较低，没有被人们重视，在 2000 年，HiperLAN2 标准制定完成，HiperLAN2 标准的最高数据速率能达到 54Mb/s，HiperLAN2 标准详细定义了 WLAN 的检测功能和转换信令，用以支持许多无线网络，支持动态频率选择、无线信元转换、链路自适应、多束天线和功率控制等。该标准在 WLAN 性能、安全性、服务质量 QoS 等方面也给出了一些定义。

HiperLAN1 对应 IEEE 802.11b，HiperLAN2 与 IEEE 082.11a 具有相同的物理层，他们可以采用相同的部件，并且，HiperLAN2 强调与 3G 整合。HiperLAN2 标准也是目前较完善的 WLAN 协议。

3. HomeRF

HomeRF 工作组是由美国家用射频委员会领导于 1997 年成立的，其主要工作任务是为家庭用户建立具有互操作性的话音和数据通信网，2001 年 8 月推出 HomeRF 2.0 版，集成了语音和数据传送技术，工作频段在 10 GHz，数据传输速率达到 10Mb/s，在 WLAN 的安全性方面主要考虑访问控制和加密技术。

HomeRF 是针对现有无线通信标准的综合和改进：当进行数据通信时，采用 IEEE 802.11 规范中的 TCP/IP 传输协议；进行语音通信时，则采用数字增强型无绳通信标准。

除了 IEEE 802.11 委员会、欧洲电信标准化协会和美国家用射频委员会之外，无线局域网联盟 WLANA （Wireless LAN Association）在 WLAN 的技术支持和实施方面也做了大量工作。WLANA 是由无线局域网厂商建立的非营利性组织，由 3Com、Aironet、Cisco、Intersil、Lucent、Nokia、Symbol 和中兴通讯等厂商组成，其主要工作验证不同厂商的同类产品的兼容性，并对 WLAN 产品的用户进行培训等。

4. 中国无线局域网规范

中华人民共和国国家信息产业部正在制订无线局域网的行业配套标准，包括《公众无线局域网总体技术要求》和《公众无线局域网设备测试规范》。该标准涉及的技术体制包括 IEEE 802.11x 系列（IEEE 802.11、802.11a、IEEE 802.11b、IEEE 802.11g、IEEE 802.11h、IEEE 802.11i）和 HiperLAN2。信息产业部通信计量中心承担了相关标准的制订工作，并联合设备制造商和国内运营商进行了大量的试验工作，同时，信息产业部通信计量中心和中兴通讯股份有限公司等联合建成了 WLAN 的试验平台，对 WLAN 系统设备的各项性能指标、兼容性和安全可靠性等方面进行全方位的测评。

此外，由信息产业部科技公司批准成立的"中国宽带无线 IP 标准工作组（www.chinabwips.org）"在移动无线 IP 接入、IP 的移动性、移动 IP 的安全性、移动 IP 业务等方面进行标准化工作。2003 年 5 月，国家首批颁布了由中国宽带无线 IP 标准工作组负责起草的 WLAN 两项国家标准：《信息技术 系统间远程通信和信息交换 局域网和城域网特定要求 第 11 部分：无线局域网媒体访问（MAC）和物理（PHY）层规范》、《信息技术 系统间远程通信和信息交换 局域网和城域网特定要求第 11 部分：无线局域网媒体访问（MAC）和物理（PHY）层规范：2.4GHz 频段较高速物理层扩展规范》。这两项国家标准所采用的依据是 ISO/IEC8802.11 和 ISO/IEC8802.11b，两项国家标准的发布，将规范 WLAN 产品在我国的应用。

（四）无线局域网常见网络结构

一般的，无线局域网主要有两种网络类型：对等网络和基础结构网络。

对等网络：由一组有无线接口卡的计算机组成。这些计算机以相同的工作组名、ESSID 和密码等对等的方式相互直接连接，在 WLAN 的覆盖范围之内，进行点对点与点对多点之间的通信。

基础结构网络：在基础结构网络中，具有无线接口卡的无线终端以无线接入点 AP 为中心，通过无线网桥 AB、无线接入网关 AG、无线接入控制器 AC 和无线接入服务器 AS 等将无线局域网与有线网网络连接起来，可以组建多种复杂的无线局域网接入网络，实现无线移动办公的接入。

（五）WLAN 主要应用

作为有线网络无线延伸，WLAN 可以广泛应用在生活社区、游乐园、旅馆、机场车站等游玩区域实现旅游休闲上网；可以应用在政府办公大楼、校园、企事业等单位实现移动办公，方便开会及上课等；可以应用在医疗、金融证券等方面，实现医生在路途中对病人在网上诊断，实现金融证券室外网上交易。

对于难以布线的环境，如老式建筑、沙漠区域等，对于频繁变化的环境，如各种展览大楼；对于临时需要的宽带接入，流动工作站等，建立 WLAN 是理想的选择。

1. 销售行业应用

对于大型超市来讲，商品的流通量非常大，接货的日常工作包括定单处理、送货单、入库等需要在不同地点的现场将数据录入数据库中。仓库的入库和出库管理，物品的搬动较多，数据在变化。目前，很多的做法是手工做好记录，然后再将数据录入数据库中，这样费时而且易错。采用 WLAN，即可轻松解决上面两个问题，在超市的各个角落，在接货区、在发货区、货架、仓库中利用 WLAN，可以现场处理各种单据。

2. 物流行业应用

随着我国与世界贸易交流的深入发展，各个港口、储存区对物流业务的数字化提出了较高的要求。物流公司一般都有一个网络处理中心，还有些办公地点分布在比较偏僻的地方，对于那些运输车辆、装卸装箱机组等的工作状况，物品统计等，需要及时将数据录入并传输到中心机房。部署 WLAN 是物流业的一项现代化必不可少的基础设施。

3. 电力行业应用

如何对遥远的变电站进行遥测、遥控、遥调，这是摆在电力系统的一个老问题。WLAN能监测并记录变电站的运行情况，给中心监控机房提供实时的监测数据，也能够将中心机房的调控命令传入到各个变电站。这是 WLAN 在电力系统遍布到千家万户，但又无法完全用有线网络来检测与控制的一个潜在应用。

4. 服务行业应用

由于 PC 机的移动终端化、小型化，旅客在进入一个酒店的大厅要及时处理邮件，这时酒店大堂的 Internet WLAN 接入是必不可少的；客房 Internet 无线上网服务也是需要的，尤其是星级比较高的酒店，客人希望无线上网无处不在。由于 WLAN 的移动性、便捷性等特点，更是受到了一些大中型酒店的青睐。

在机场和车站是旅客候机候车的一段等待时光，这时打开笔记本电脑来上网，何尝不是高兴的事，目前，在北美和欧洲的大部分机场和车站，都部署了 WLAN，在我国，也在逐步实施和建设中。

5. 教育行业应用

WLAN 可以让教师和学生对教与学进行实时互动。学生可以在教室、宿舍、图书馆利用移动终端机向老师提问、提交作业；老师可以实时给学生辅导。学生可以利用 WLAN 在校园的任何一个角落访问校园网。WLAN 可以成为一种多媒体教学的辅助手段。

6. 证券行业应用

有了 WLAN，股市就有了菜市场般的普及和活跃。原来，很多炒股者利用股票机看行情，现在 WLAN 能够实现实时看行情，实时交易。

7. 展厅应用

一些大型展览的展厅内，一般都布有 WLAN，服务商、参展商、客户走入大厅内可以随时接入 Internet。WLAN 的可移动性、可重组性、灵活性为会议厅和展会中心等具有临时租用性质的服务行业提供了盈利的无限空间。

8. 中小型办公室／家庭办公应用

WLAN 可以让人们在中小型办公室或者在家里任意的地方上网办公、收发邮件、随时随地可以连接上 Internet，上网资费与有线网络一样。

9. 企业办公楼之间办公应用

对于一些中大型企业，有一个主办公楼，还有其他附属的办公楼，楼与楼之间、部门与部门之间需要通信。如果搭建有线网络，需要支付昂贵的月租费和维护费，而 WLAN 不需要这些就能实现同样功能。

（六）无线局域网的安全

WLAN 应用中，对于家庭用户、公共场景安全性要求不高的用户，使用 VLAN（Virtual Local Area Networks）隔离、MAC 地址过滤、服务区域认证 ID（ESSID）、密码访问控制和无线静态加密协议 WEP（Wired Equivalent Privacy）可以满足其安全性需求。但对于公共场景中安全性要求较高的用户，仍然存在着安全隐患，需要将有线网络中的一些安全机制引进到 WLAN 中，在无线接入点 AP（Access Point）实现复杂的加密解密算法，通过无线接入控制器 AC，利用 PPPoE 或者 DHCP+Web 认证方式对用户进行第二次合法认证，对用户的业务流实行实时监控。这方面的 WLAN 安全策略有待于实践与进一步探讨并完善。

五、思考的问题

（1）无线局域网的主要的标准有哪些？

（2）目前常用的无线网卡有哪些？

（3）如果要组建 WLAN，其最基本的配置需要哪些？